# LA MÉCANIQUE GÉNÉRALE A L'EXPOSITION DE CHICAGO,

CONFÉRENCE DU 18 FÉVRIER 1894 [1],

**Par M. Gustave RICHARD,**

Ingénieur civil des Mines,
Membre du Conseil de la Société d'Encouragement pour l'Industrie nationale et du Comité de la Société des Ingénieurs civils.

MESDAMES, MESSIEURS,

Le sujet que je vais avoir l'honneur de traiter devant vous : la Mécanique générale à l'Exposition de Chicago, est à la fois très étendu, comme son titre l'indique, et très aride, non pas en lui-même, mais parce qu'en Mécanique, comme en toute science, l'on ne peut guère espérer intéresser véritablement son auditoire que si l'on a la possibilité d'approfondir quelque peu ce dont on parle. Or, il est bien évident que je ne pourrai guère, dans le temps si court dont je dispose, qu'effleurer à peine quelques points d'un aussi vaste sujet; c'est vous dire que j'ai véritablement d'excellentes raisons pour faire, dès le début de cette conférence, un sincère appel à toute votre indulgence.

M. Levasseur vous a dit, dans sa belle conférence inaugurale, quel rôle exceptionnellement important la Mécanique

[1] Cette conférence a déjà paru dans la *Revue générale des Sciences pures et appliquées*, dont le Directeur, M. Louis Olivier, a eu l'obligeance de nous prêter les clichés des figures insérées ci-après, p. 5 à 11, 21, et 23 à 58.

avait joué, et joue encore aujourd'hui, dans le développement de la civilisation américaine. C'est bien, en effet, par la Mécanique que les Américains ont achevé la conquête de leur immense territoire, dix-huit fois grand comme la France (¹). Ils l'ont enlacé d'un réseau de plus de $270000^{km}$ de chemins de fer, sept fois plus étendu que celui de la France, doublé de son complément inséparable de fils télégraphiques, puis d'un second réseau de voies navigables absolument unique : les grands fleuves, et ces canaux dont quelques-uns, comme celui de l'Érié, ont un trafic supérieur à celui du Volga, et qui sont, comme les grands lacs du Nord, desservis par une marine intérieure des plus importantes. C'est ainsi qu'il passe au port de Détroit, au raccordement des lacs Huron et Érié, un tonnage annuel de près de 20 millions de tonnes (quatre fois celui de Marseille). Chicago elle-même est un très grand port, dont le tonnage atteint aujourd'hui 11 millions de tonnes.

Cette préoccupation d'appliquer partout la Mécanique, nous la retrouvons au milieu des villes, non seulement dans les usines, mais dans les rues, dans les maisons, presque à tous les besoins et à chaque instant de la vie, pour satisfaire à la nécessité tout américaine d'économiser à tout prix le temps si précieux et la main-d'œuvre si rare. Aussi, ne vous étonnerai-je pas en vous disant que la ville de Chicago présentait, à bien des égards, au point de vue des applications de la Mécanique, autant d'intérêt que l'Exposition même : tout d'abord, par ses grandes industries, dont les plus importantes sont celles des céréales et du bétail.

L'exportation de Chicago en céréales et farines s'est élevée, en 1891, à plus de 36 millions d'hectolitres : la Mécanique y trouve une belle application dans l'organisation des célèbres *élévateurs*, où s'opère la manutention de ces masses énormes de céréales, et que M. Ringelmann vous décrira bientôt en détail. Il y en a, à Chicago, une quarantaine, dont quelques-uns peuvent renfermer jusqu'à $800000^{hlit}$, ce qui représente un cube de grains d'environ $43^{m}$ de côté.

---

(¹) États-Unis : $9213000^{kmq}$; France : $530000^{kmq}$.

Quant à l'industrie du bétail, vous en aurez une idée par ce fait que l'on tue à Chicago plus de sept fois plus d'animaux de boucherie qu'à Paris. Une seule de ces immenses entreprises de boucherie, celle de *Nelson Morris*, a, en 1893, tué 787000 bœufs, 673000 porcs, 380000 moutons, fabriqué 30 millions de kilogrammes de conserves, renfermées dans 13500000 boîtes, expédié 15846 wagons de viande de bœuf, 32148 wagons de produits divers; elle dispose d'un matériel de 2100 wagons de chemin de fer et de 37 navires, emploie 8000 hommes, avec une paye annuelle de 21250000fr. Enfin, le chiffre d'affaires s'est élevé, en 1893, à 435 millions de francs. Dans ces établissements véritablement colossaux, presque tout se fait par la Mécanique, sauf la tuerie même, pour laquelle on n'a pas encore trouvé de meilleure machine que l'homme armé d'une masse ou d'un couteau.

Viennent ensuite les grandes industries de la fabrication du matériel de chemin de fer et du matériel agricole.

C'est à Chicago que se trouve la grande usine de *Pullman*, où se fabriquent ces luxueuses voitures, célèbres dans le monde entier, dont nos sleepings ne nous donnent qu'une bien faible idée, et grâce auxquelles on franchit sans fatigue les plus longs parcours. L'usine de M. Pullman occupe 5000 ouvriers gagnant, en moyenne, 3000fr par an. Son chiffre d'affaires s'est monté, en 1892, à 60 millions. Autour de cette usine, M. Pullman a construit toute une ville : Pullman-City, avec ses églises, ses théâtres, ses hôpitaux, habitée presque totalement par ses ouvriers et leurs familles, qui s'y trouvent, au point de vue de l'existence matérielle, le plus confortablement possible.

Parmi les usines qui fabriquent le matériel agricole, je vous citerai le grand établissement de *Deering* : cette fabrique de faucheuses et de moissonneuses occupe 4000 ouvriers; elle a dévoré, en 1892, 20000 tonnes d'acier, 23000 tonnes de fer, 36000 tonnes de charbon, 1250 wagons de bois, et 630000mq de toile pour les moissonneuses-botteleuses. Vous voyez qu'il s'agit ici de véritables puissances, contre lesquelles nos petites usines d'Europe ne peuvent évidemment lutter qu'avec la plus grande peine.

## I.

A côté de ces immenses usines, ce qui frappe le plus à Chicago, comme dans toutes les grandes villes américaines, au point de vue de la Mécanique, c'est la façon véritablement grandiose et simple dont on y a résolu, principalement au moyen des tramways, le problème si difficile et si important de la circulation urbaine, problème indéfiniment discuté chez nous sans aucun résultat.

Ces *tramways* sont, comme vous le savez, presque exclusivement mécaniques : ils fonctionnent soit par l'électricité, soit au moyen de câbles. Je ne vous dirai rien des tramways électriques, dont M. Hospitalier vous a entretenu dans la précédente conférence. Quant aux tramways à câble, vous en connaissez le principe : un câble sans fin, en fils de fer ou d'acier, circule constamment, abrité dans un caniveau creusé entre les rails de la voie, où il est saisi, à la volonté du conducteur, par une pince ou *grip*, attachée à la voiture : quand la pince est serrée, le câble entraîne la voiture à sa vitesse même; quand il est desserré, la voiture s'arrête, enrayée par un frein qui fonctionne souvent automatiquement, par le desserrage même de la pince. En réalité, il n'en est pas toujours ainsi; la pince se coince quelquefois, ou se trouve, par un accident quelconque, par exemple, comme vous l'indique cette photographie (*fig.* 1), par la rupture et le refoulement d'un toron, mise dans l'impossibilité de lâcher son câble. Dès lors, on ne peut plus arrêter : c'est une machine emballée, des plus dangereuses, jusqu'à ce que l'on ait transmis à la station motrice l'ordre de stopper; puis la circulation de toute la ligne reste interrompue, parfois pendant plusieurs heures, jusqu'à ce que l'on ait réparé l'accident. En outre, ces tramways présentent le grave inconvénient d'exiger la marche constante du câble, avec le même frottement, la même usure, quelles que soient les variations toujours ou presque toujours extrêmes de la circulation; et vous saisirez facilement que ce ne sont ni une usure ni un frottement négligeables, quand vous songerez que ces câbles ont de $20^{km}$ à $25^{km}$ de long, et pèsent jusqu'à 90 tonnes. Or, l'électricité n'est guère sujette à

Fig. 1.

Engorgement du *grip* d'un tramway à câble à la suite de la rupture d'un toron.

Il s'est enroulé sur le câble une longueur de 450 mètres de ce toron, occasionnant un arrêt de plusieurs heures. (Tramways de Broadway, *Scientific American*, 2 sept. 1893).

aucun danger; le tram électrique peut toujours s'arrêter, la dépense par voiture-kilomètre y est plus faible, et celle de l'établissement de la voie près de quatre fois moindre : vous comprendrez donc aisément que les tramways à câble, qui sont arrivés les premiers et ont occupé les meilleures places, sont, chaque jour, supplantés de plus en plus par les tramways électriques, absolument prépondérants aujourd'hui aux États-Unis ([1]).

Mais ce qui est véritablement extraordinaire, c'est la puissance de locomotion de ces tramways mécaniques, à câble ou à l'électricité. Débarrassés de tout système de contrôle et de bureaux, si encombrants à Paris, jamais complets, car on s'y accroche à ses risques et périls tant que l'on peut y tenir, ces tramways peuvent, aux heures de presse, transporter de véritables multitudes, dont on se fait difficilement une idée chez nous. C'est ainsi qu'au *Chicago day*, cette journée exceptionnelle, où l'Exposition reçut 760000 entrées, les tramways ont, à eux seuls, transporté, en moyenne, du centre de Chicago à l'Exposition (distance $12^{km}$) plus de 500000 voyageurs aller et retour, c'est-à-dire 12 millions de voyageurs-kilomètres, ou plus de quatre fois le trafic moyen journalier de tout l'ensemble des omnibus et tramways de Paris en 1889. Si vous considérez que Chicago n'a que 1500000 habitants, et Paris plus de 2500000, et que Chicago est, en outre, desservie par des chemins de fer intérieurs, traversant toute la ville, et, par conséquent, infiniment plus utiles que notre ligne de ceinture, vous reconnaîtrez combien la cité américaine est supérieure à Paris au point de vue des moyens de communication.

Lorsqu'on voit ces tramways mécaniques circuler avec tant d'activité et de sécurité sur des voies comme, par exemple, la Broadway de New York, certainement plus animées que nos boulevards, on est tout naturellement conduit à penser que la solution si lente à venir, et pourtant si pressante, de notre question du métropolitain consisterait, peut-être, tout simplement, à remplacer, avec l'élargissement et la rectification de quelques rues trop étroites, nos voitures à chevaux par des voitures mécaniques. Cela coûterait infiniment moins cher, et serait beaucoup plus agréable pour le public que n'importe

---

([1]) On y comptait, en 1893, $12000^{km}$ de tramways électriques, avec plus de 17000 voitures. *Boston* seule en avait $680^{km}$, et 2131 voitures.

quel système de chemins de fer souterrains comme à Londres, ou aériens comme à Berlin. En réalité, dans les grandes villes américaines, — New York, Chicago, Boston, — les tramways mécaniques, dont les voitures se suivent par groupes de deux à trois, à des distances de 150m à 200m, constituent de véritables trains continus, marchant à une dizaine de kilomètres à l'heure, dans les passages les plus encombrés.

Dans les grands *buildings* à 16 et 20 étages, qui vous seront décrits en détail par M. Pillet, où il y a, comme au Manhattam building, jusqu'à 900 bureaux, il faut évidemment, pour rendre ces immenses casernes habitables, installer des services d'ascenseurs exceptionnellement actifs et puissants. Ainsi que vous l'a dit M. Hospitalier, beaucoup de ces appareils fonctionnent par l'électricité; mais, encore aujourd'hui, la majeure partie d'entre eux fonctionne par l'eau sous pression, comme les nôtres, avec, toutefois, cette différence importante: qu'ils ne sont presque jamais à puits, mais à câbles mouflés, analogues, en petit, à l'ascenseur Otis qui fonctionne à la tour Eiffel. C'est un système plus économique que le puits, surtout pour les grandes hauteurs, et qui se prête plus facilement aux grandes vitesses, indispensables là-bas. Dans les *buildings*, dans les hôtels et les magasins, ces ascenseurs sont très nombreux (il y en a 13 à l'*Auditorium*, 14 au temple maçonnique) et fonctionnent sans discontinuer, avec une rapidité et une sécurité absolument remarquables, qui contrastent singulièrement avec la lenteur des nôtres, auxquels le public français a encore tant de peine à se confier [1].

A côté des ascenseurs, on trouve, dans presque tous les magasins américains, admirablement installé, tout un service de transport automatique des petits paquets. Ce transport s'opère au moyen d'appareils fort simples, appelés *cash car-*

---

[1] On peut encore signaler, comme l'une des applications les plus originales de la Mécanique, celle que l'on en fait souvent, à Chicago, au *transport des maisons*. C'est ainsi que l'on a transporté en 1890, à des distances allant parfois jusqu'à une centaine de mètres, 1710 maisons, présentant une longueur totale de façade de 9km,600. Plusieurs de ces maisons, en briques, avaient quatre ou cinq étages.

*riers* et *package carriers*, dont l'image ci-contre (*fig.* 2

Fig. 2.

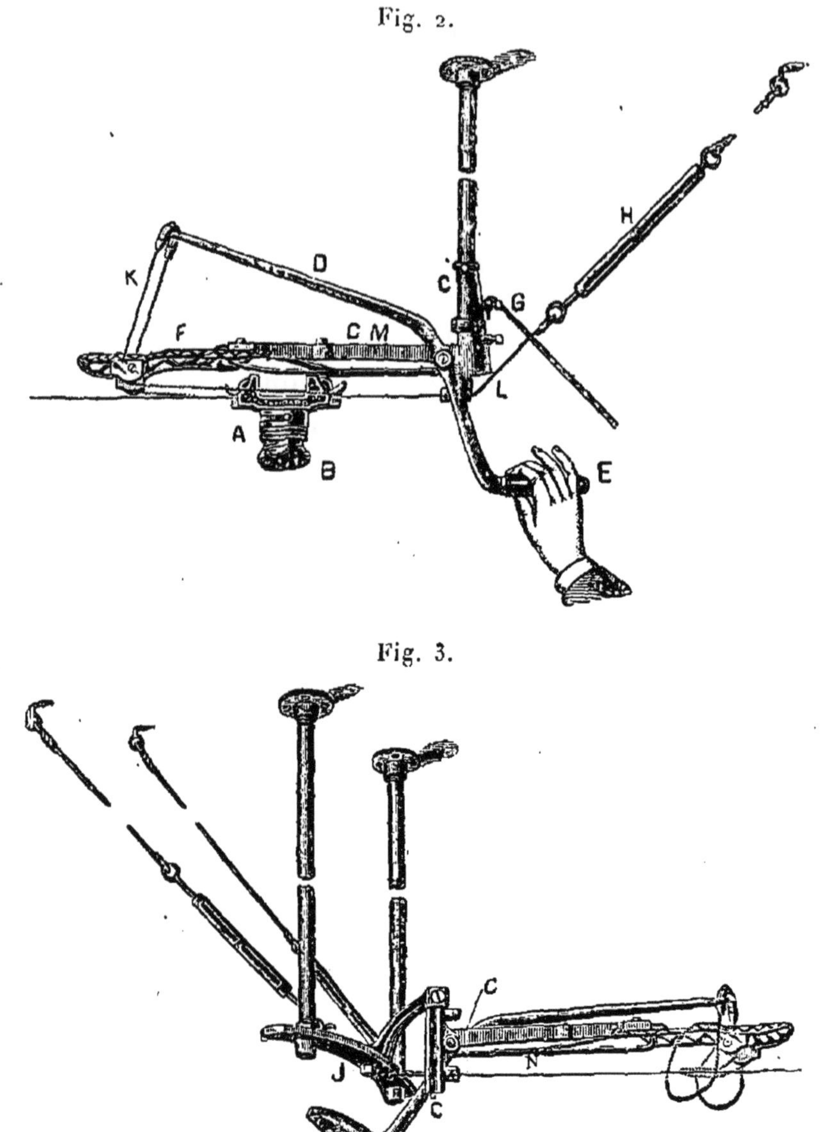


Fig. 3.

*Cash carrier* de la *Standard Store Service C°*, Freepórt.

Quand on abaisse, comme sur la *fig.* 2, la poignée E du levier ED, la corde K projette en avant, sur le fil LJ de la voie, le petit chariot à roues A, avec sa bourse B, jusqu'à l'appareil représenté en *fig.* 3, où il s'engage dans la boucle de la corde correspondante, prêt à être renvoyé au premier appareil.

et 3) va vous permettre de comprendre le fonctionnement général. Un certain nombre de comptoirs se trouvent en possession d'un petit appareil de levage relié par un fil à un bureau central, où est assis le caissier. Quand vous avez acheté un article, le vendeur prend votre monnaie, la met, avec un bon, dans le chariot très léger de son *cash carrier*, et l'envoie, d'un coup de ficelle, au caissier, qui vous le retourne avec l'appoint et le bon acquitté. Un système de fils analogues, se ramifiant dans tout le magasin, sert au transport des petits paquets, qui vous suivent ainsi, de comptoir en comptoir, jusqu'à celui du dernier achat, où vous trouvez réunies toutes vos petites emplettes, et où le caissier vous retourne l'appoint de votre monnaie et le bon final. Ces appareils, sur le détail desquels je ne puis insister ici, fonctionnent avec une parfaite régularité, suffisent aux ventes les plus actives et les plus détaillées, et je ne vois pas de raison pour qu'ils ne soient pas appliqués chez nous, du moins en partie (1).

Les *appareils de levage* sont, cela va sans dire, extrêmement répandus et très variés aux États-Unis. Ils atteignent parfois de très grandes dimensions, comme, par exemple, le pont roulant de 150 tonnes et de 18m de portée établi par *Morgan* dans l'arsenal de Washington (2); et l'on y applique très souvent, comme pour les ascenseurs, l'électricité, sous des formes parfois très ingénieuses (3). On en avait deux beaux exemples à l'Exposition même, par les ponts roulants de *Sellers* et de *Morgan*, qui desservaient le Palais des Machines et y transportaient des voyageurs, comme ceux de notre galerie du Champ de Mars, en 1889.

Comme je ne puis évidemment vous décrire ces machines, car l'heure s'avance déjà, je me bornerai à attirer particulièrement votre attention sur un appareil d'apparence plus modeste, mais très répandu aux États-Unis, et qui y rend, chaque

---

(1) Notamment les appareils de la *Mansfield* Cash and Package Carrier C°, de la *Standard* Store Service C° (Freeport), de la *Barre* Cash and Package Carrier C° (Mansfield), de la *Lawson* Consolitated Store Service C° (New Jersey) et de *Dillenbeck*. Ces appareils seront décrits en détail dans le numéro de juillet 1894 du *Portefeuille des machines*.

(2) *American Machinist*, 12 juin 1890.

(3) *La Lumière électrique*, 27 janvier 1894, p. 168, et 3 mars 1894, p. 406.

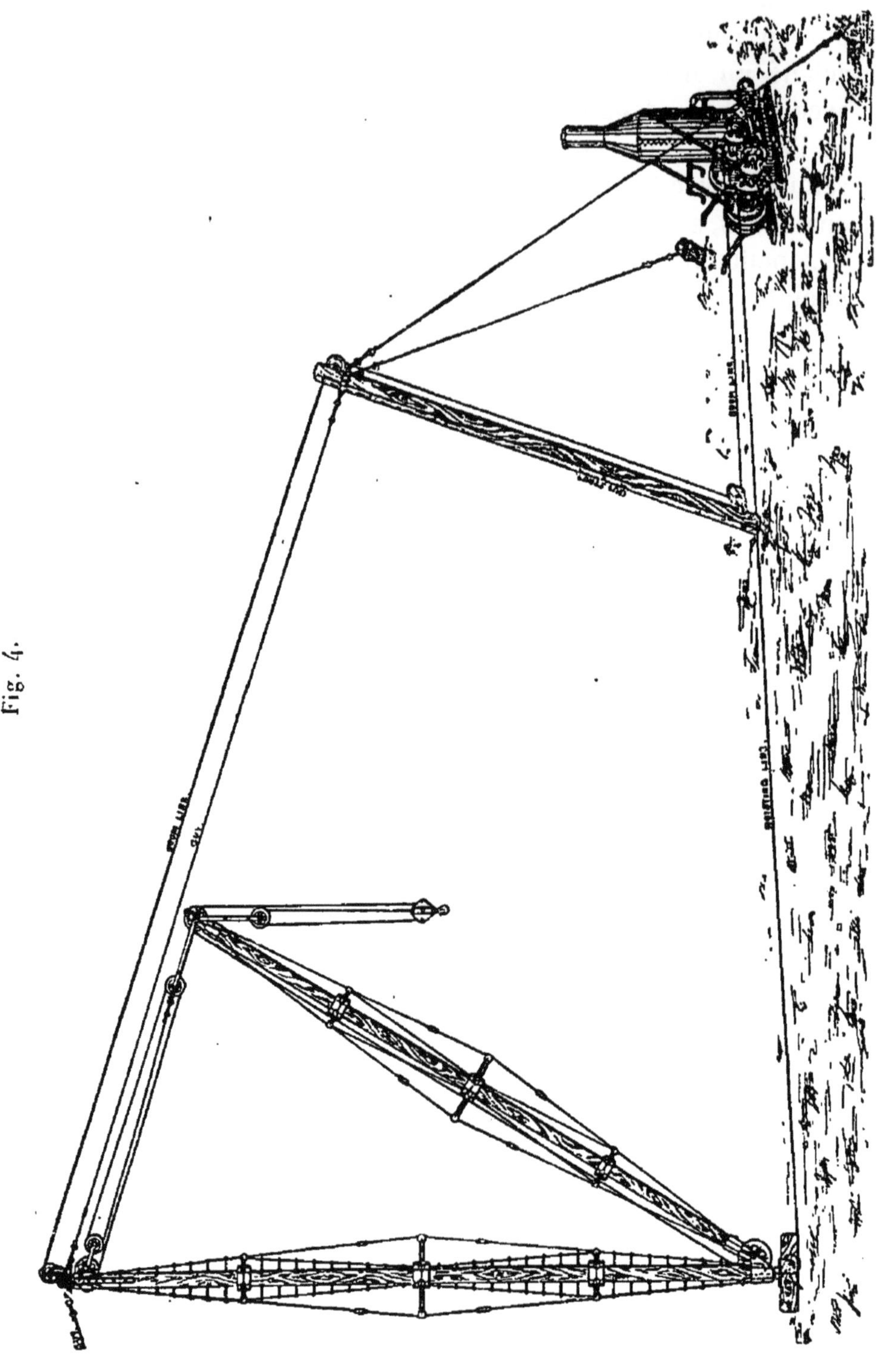

Fig. 4.

Grue à la volée (ou *Derrick*) de l'*American Hoist and Derrick* $C^{o}$ (Saint-Paul).

jour, les plus grands services. Je veux parler des *grues à la volée*, employées presque exclusivement là-bas pour la construction des maisons, et dont la *fig*. 4 vous représente un excellent spécimen. L'appareil est tout entier en pièces de bois armées et assemblées par bout, dont aucune n'a plus de $6^m$ de long, afin de pouvoir facilement se loger dans un wagon. Le

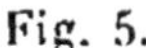

Fig. 5.

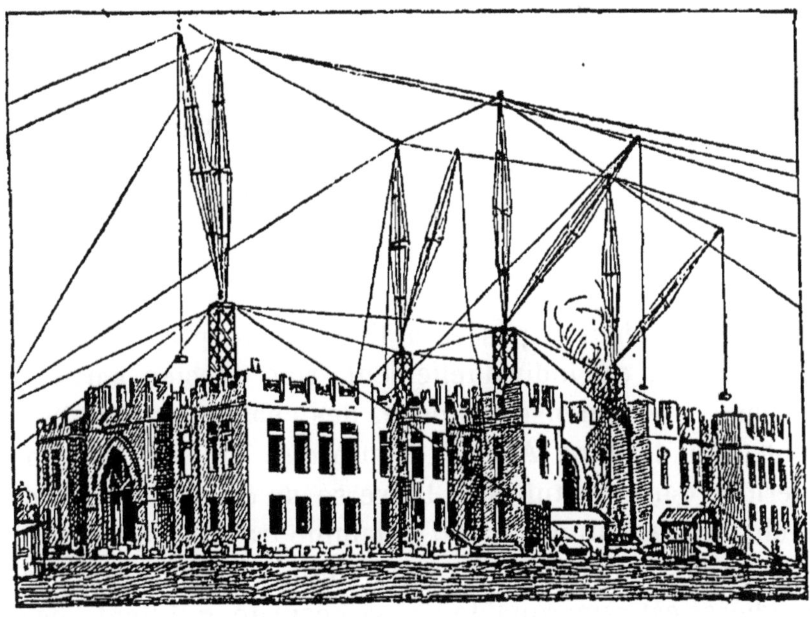

Emploi des grues à la volée pour la construction du Palais de Justice de Salt Lake City.

mât a $24^m$ de long, la volée $22^m,50$, et peut porter jusqu'à 15 tonnes. (Prix, $3900^{fr}$. Avec tubes en acier au lieu de pièces de bois, le prix est de $4000^{fr}$.) La fiche de renvoi, *guy strut*, que l'on voit à droite de la figure, permet de placer le treuil à vapeur qui commande la grue aussi loin qu'on le veut. Ce treuil commande la levée de la volée autour de son axe par un câble, *boom line*, renvoyé de la fiche, et la levée de la charge par un câble direct, *hoisting line*, renvoyé par une poulie au bas de la volée.

Comme exemple d'application de ce genre de grues, je vous citerai celle qui en a été faite, en 1893, à la construction du Palais de Justice de la cité des Mormons. On y a, comme vous le montre la *fig*. 5, employé quatre de ces grues en fer, montées sur des pylônes en bois de $12^m$ de haut, et dont les quatre volées de $22^m,50$ couvraient tout le terrain, de $43^m \times 100^m$ de long, sur lequel elles ont élevé les cinq étages de l'édifice, sans être une seule fois dérangées jusqu'à la fin de sa construction.

## II.

Nous allons maintenant entrer dans le Palais des Machines de l'Exposition, et y regarder, malheureusement bien à la hâte, quelques-unes de ses curiosités mécaniques les plus importantes, en débutant par les chaudières et les machines motrices.

Les *chaudières* exposées à Chicago ne présentaient, en elles-mêmes, ou individuellement, rien de bien particulier. C'étaient, en immense majorité, des chaudières à petits éléments, ou du type *tubulé*, c'est-à-dire où l'eau se trouve enfermée dans des tubes, à l'inverse de ce qui se passe dans les chaudières tubulaires, où la flamme traverse, au contraire, ces tubes entourés par un grand volume d'eau. Ce genre de chaudières est remarquable par sa sécurité, qui tient à ce que son faible volume d'eau ne peut guère y provoquer les formidables explosions des autres chaudières, et il s'est beaucoup répandu chez nous, principalement depuis le progrès si rapide des installations électriques, à proximité des habitations et dans les habitations mêmes, où les conditions spéciales de sécurité s'imposent absolument. Aux États-Unis, ces chaudières sont plus répandues encore, même là où rien ne s'oppose à l'admission des chaudières ordinaires. Leur transport et leur montage sont, en effet, très faciles, leur économie satisfaisante, et leur entretien a été réduit le plus possible par une foule de détails de construction résultant d'une longue pratique exceptionnellement étendue. Parmi les chaudières de ce type exposées à Chicago, je me contenterai de citer, au premier rang, celles de *Heine*, de *Root*, et surtout celles de *Babcock-Wilcox*, bien connues en France depuis l'Exposition de 1889 ([1]), et je me bornerai à attirer votre attention plus particulièrement sur quelques chaudières qui se rapprochent plus des chaudières à vaporisation extra-rapide, ou chaudières express : *du Temple, Normand, Yarrow, Thornycroft*, etc., employées sur les torpilleurs. Telle est, par exemple, la chaudière de *Stirling*, dont la *fig.* 6 vous représente très clairement l'ensemble.

Ainsi que vous le voyez, cette chaudière se compose essentiellement de trois corps ou réservoirs d'eau et de vapeur, disposés au haut de la chaudière, reliés entre eux par des petits tubes recourbés, en deux rangées pour le réservoir de gauche et celui du milieu, en une seule pour celui de droite, puis réunis, par trois faisceaux de longs tubes très inclinés, au grand collecteur du fond, où se précipitent les boues et une partie des dépôts de l'eau d'alimentation. Des panneaux en briques réfractaires obligent la flamme à parcourir successivement et en zigzag ces différents faisceaux de tubes, suivant un trajet le plus long possible, de manière à bien brasser les gaz, et à en faire absorber la chaleur au mieux de l'économie. La circulation de l'eau se fait dans cette chaudière, comme dans toutes celles du même genre, plus ou moins méthodiquement, et jusqu'à une limite de vaporisation ou d'activité à déterminer par l'expérience, en raison de la différence des densités de la colonne d'eau relativement froide et pleine des tubes de l'arrivée et de la colonne d'eau et de vapeur des tubes de l'avant. Dans les chaudières exposées, les tubes en acier, au nombre de 308, avaient $0^{m},083$ de diamètre sur $3^{m},90$ de long, avec une surface de chauffe de $300^{mq}$; les réservoirs du haut avaient $0^{m},80$ de diamètre sur $4^{m},95$ de long, et celui du bas $1^{m},05$ sur $4^{m},95$. Ces chaudières ont parfaitement fonctionné pendant toute la durée de l'Exposition, et sont assez répandues aux États-Unis : il était donc utile de les signaler, bien qu'elles ne paraissent présenter aucun avantage de principe sur les types tubulés ordinaires, principalement au point de vue de la facilité d'y remplacer un tube brûlé ou fendu.

---

([1]) *Bulletin de la Société d'Encouragement*, avril 1894.

Fig. 6.

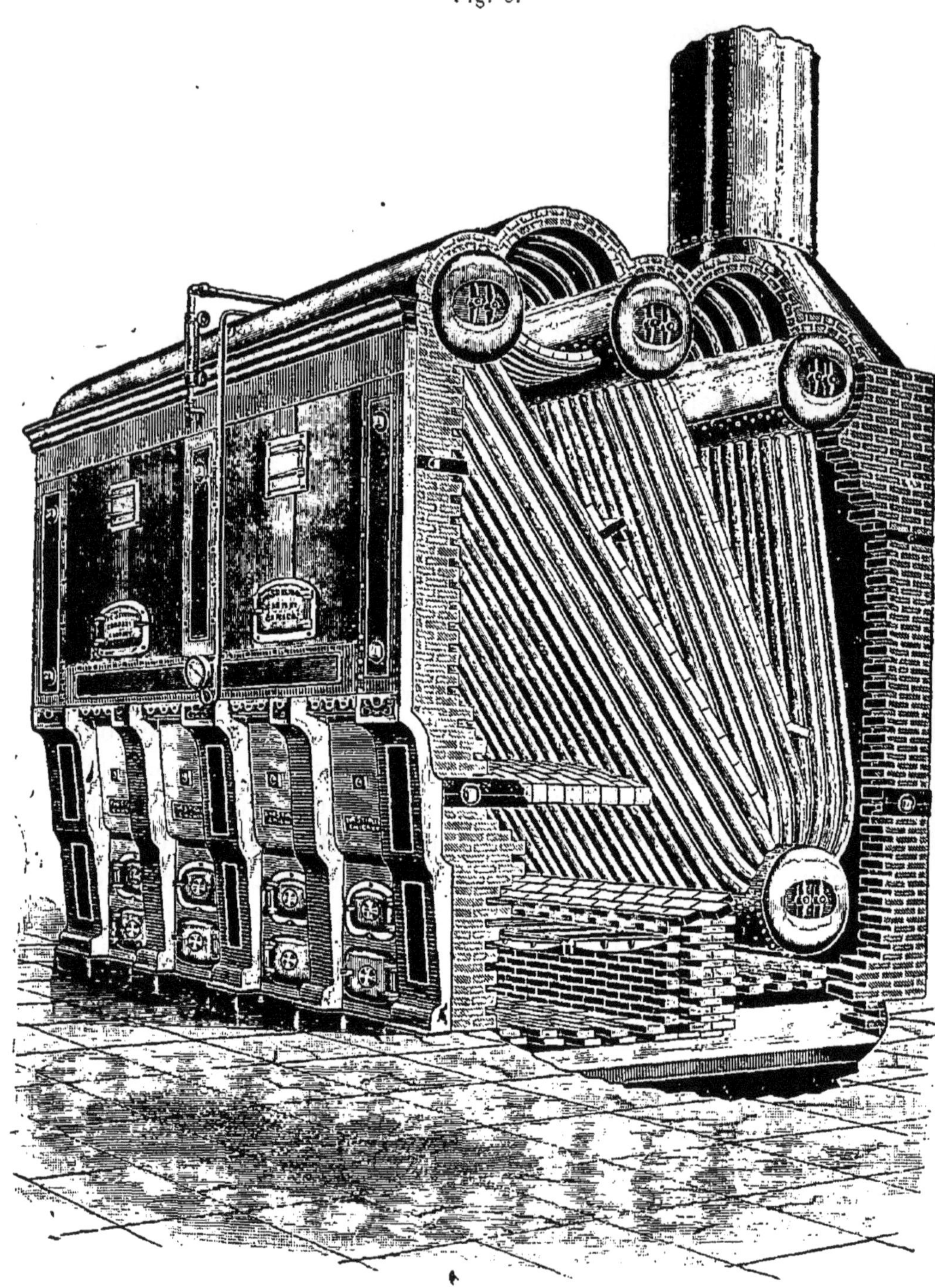

Chaudière *Stirling*.

Je signalerai encore les grandes chaudières verticales de

*Morrin*, du type Climax, également à tubes d'eau, dont l'une avait 864 tubes de $0^m,076$ de diamètre sur $3^m,80$ de long, avec $930^{mq}$ de surface de chauffe, et vaporisait par heure environ $13^{mc},50$.

Si, comme je viens de vous le dire, les chaudières ne présentaient pas en elles-mêmes de bien grandes nouveautés, on ne saurait en dire autant de leur installation générale dans la galerie annexe, au bord du Palais des Machines. Dans cette longue galerie de 43 chaudières, suivie d'une annexe de 9 chaudières, fournissant une moyenne d'à peu près 25000 chevaux, avec une vaporisation d'environ $340^{mc}$ d'eau par heure, il n'y avait, pour le service, que deux chauffeurs habillés tout en blanc, puis un troisième, placé à l'extrémité de la galerie, dans une sorte d'observatoire, muni de torches électriques au moyen desquelles il signalait, sur un tableau de la galerie, celle des cheminées qui, par hasard, fumait un peu. L'un des deux chauffeurs de l'intérieur, ainsi averti, s'en allait à la chaudière signalée, et en réglait immédiatement le foyer.

Le secret de cette conduite prodigieusement simple, vous le voyez révélé sur la *fig.* 7, qui représente la coupe de l'un des foyers de ces chaudières : c'est que toutes, elles fonctionnaient, non pas au charbon, mais en brûlant du pétrole, envoyé de la petite ville de Lima, dans l'Ohio, par une canalisation de $385^{km}$ de long. Ce pétrole, amené sous une pression d'environ $\frac{1}{4}$ d'atmosphère, dans une sorte de pulvérisateur, et par le tube marqué « *Oil* » (huile), était, à sa sortie du pulvérisateur, saisi par un jet concentrique de vapeur surchauffée, amené par le tuyau marqué « *Steam* » (vapeur), qui le pulvérisait et le vaporisait en même temps.

L'air nécessaire à la combustion de ce mélange de vapeur et de pétrole arrivait s'y mêler par les trous indiqués en avant du foyer et par les ouvertures de la grille; et la nappe de flamme ainsi développée traversait, comme vous le voyez, avant d'arriver aux tubes, une sorte de muraille en briques réfractaires percée de nombreuses ouvertures, qui protégeait les tubes de son attaque immédiate, achevait de bien la mélanger à l'air et d'en parfaire la combustion, en régularisant et en élevant, par sa masse calorifique, la température moyenne du foyer.

On a ainsi chauffé continuellement, dans tout l'ensemble de l'exposition, 52 chaudières, avec 210 brûleurs, qui ont

Fig. 7.

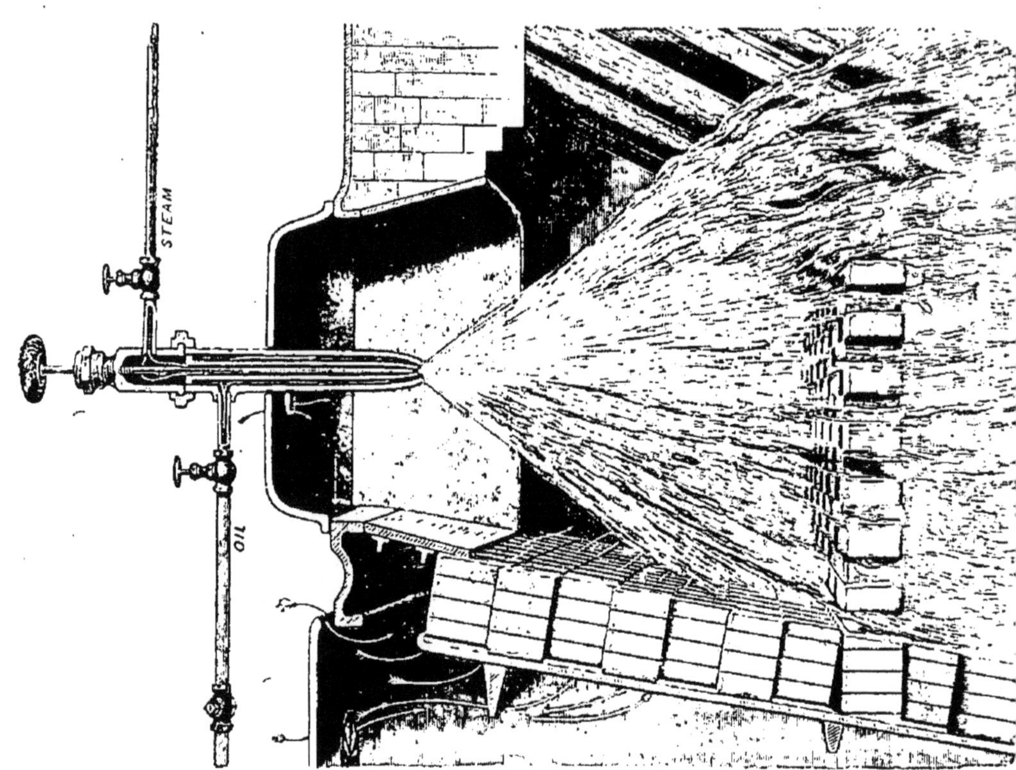


Brûleur à pétrole *Burton*.

dépensé environ 48000$^{mc}$ ou 34000 tonnes de pétrole, à 0$^{fr}$,02 le litre, réalisant, d'après les données officielles, environ 27 pour 100 d'économie sur le charbon. Les 43 chaudières de la galerie des machines dépensaient par jour à peu près 22 tonnes de pétrole pour vaporiser 340$^{mc}$ d'eau, soit une production de vapeur d'environ 15$^{kg}$ par kilogramme de pétrole.

Cette question de l'emploi du pétrole est des plus importantes, principalement pour la marine. Les grands transatlantiques, comme la *Campania*, par exemple, dont les machines développent jusqu'à 35000 chevaux, dévorent près de 500 tonnes de charbon par jour. Comme le pétrole tient, à puissance calorifique égale, environ quatre fois moins de place que le charbon, et qu'il dispense de ces nombreuses équipes de chauffeurs, dont le travail, toujours pénible, est souvent dangereux, vous voyez quelle économie de fret et de main-d'œuvre on réaliserait par son emploi.

Ajoutons, à ces avantages, celui d'une absence complète de fumée, particulièrement précieuse en temps de guerre, et cette considération que nos cuirassés et nos torpilleurs sont arrivés à la limite d'encombrement, et vous ne vous étonnerez plus de l'extrême intérêt que portent actuellement à cette question les marines civiles et militaires du monde entier. — Il y a malheureusement, pour l'application du pétrole au chauffage des chaudières marines, une difficulté qui n'est pas encore tout à fait surmontée : ce n'est pas, comme on pourrait le croire, celle d'assurer la sécurité, aussi complète presque qu'avec le charbon, mais de limiter ou même de supprimer l'emploi de la vapeur au pulvérisateur ; car, à la mer, l'eau douce coûte plus cher que le charbon. Cette vapeur est nécessaire, non pour brûler le pétrole, mais pour le brûler avec une flamme suffisamment neutre et stable pour ne pas ruiner les tubes et les plaques tubulaires des chaudières. On n'a guère pu s'en passer jusqu'ici en pratique ; et, sous ce rapport, les Américains ne semblent guère plus avancés que nous. Mais il n'en est pas moins vrai que, si les brûleurs américains, presque tous établis sur le même principe que celui de la *fig.* 7, ne présentaient, comme leurs chaudières, aucune nouveauté essentielle, l'ensemble de leur magnifique installation, marchant, pendant plus de six mois, sans aucun accroc, et avec un personnel insignifiant, a fourni la démonstration la plus complète et la plus grandiose qui ait jamais été faite de la possibilité d'appliquer pratiquement, et en pleine sécurité, le chauffage au pétrole aux installations les plus considérables.

On retrouve fréquemment, aux États-Unis, les foyers à pétrole sous les chaudières des canots et embarcations de plaisance, où leur mise en feu instantanée, leur conduite propre et facile, leur absence complète de fumée les font particulièrement rechercher. L'une des plus employées parmi ces chaudières à pétrole est celle de *Shipman* (¹). Une machine faisant 4 chevaux, à 300 tours, pèse, avec sa chaudière, 450$^{kg}$, et coûte 1800$^{fr}$.

Les *machines à vapeur* exposées à Chicago, tout en ne présentant, comme chaudières, que fort peu de nouveautés proprement dites par rapport à celles qui figuraient à l'Exposition de 1889, n'en portaient pas moins, dans leur ensemble, la marque de ce progrès continu, qui fait que l'on constate toujours, d'une grande Exposition à l'autre, une amélioration notable, bien qu'assez difficile à définir, dans les branches principales de la Mécanique industrielle.

Les machines à vapeur américaines sont, en grande majorité, horizontales et sans condensation (sauf pour les machines compound), à cause de la difficulté assez fréquente de se procurer de l'eau convenable — et parce que l'on tient beaucoup à ne payer que le moins cher possible des machines achetées avec l'espoir de les remplacer bientôt, dès que la prospérité de l'entreprise exigera l'agrandissement de l'usine. Pour les grandes machines, les courses des pistons sont, en général, plus longues qu'en Europe, ce qui tient, en partie, à ce que la distribution *Corliss*, originaire d'Amérique, ne se prête pas aux grandes vitesses.

On retrouve néanmoins, aux États-Unis, se développant avec plus de rapidité encore qu'en Europe, la classe si intéressante des machines à grandes vitesses, destinées principalement à l'actionnement des dynamos, et dont le prototype est la célèbre machine de *Porter-Allen*. Ce sont des machines en général très ramassées, à bâtis du type *self contained*, robuste, assurant un alignement aussi rigoureux que possible du cylindre et des glissières symétriques, avec paliers égaux s'usant identiquement; régulateur directement monté sur l'arbre de couche ou sur le volant, dont l'idée première appartient à M. *Raffard;* crosse à quatre glissières; arbre

---

(¹) *Bulletin de la Société d'Encouragement*, avril 1894. *Voir* aussi, dans ce même Bulletin, la description des brûleurs *Larkin, Convert, Harper, Claybourne,* et de l'*Aerated Fuel C°*.

à double manivelle, parfois rapportée. Il suffit de citer les types bien connus d'*Armington*, de *Buckeye*, de *Ball*, *Mac Intosh*, *Sweet*, etc., déjà bien connus des ingénieurs français [1].

Les machines verticales, bien qu'encore en minorité, commencent à se répandre aux États-Unis, principalement pour la commande directe des dynamos à marche lente. Comme exemple, on peut citer celle de la *Southwark Foundry C°*, à triple expansion, avec cylindres de 560$^{mm}$, 840$^{mm}$ et 1$^{m}$,360 de diamètre, sur 915$^{mm}$ de course, distribution *Corliss*, et pompe à air indépendante, qui actionnait directement, à la vitesse de 100 tours, deux dynamos Siemens de 2700 ampères et 150 volts chacune.

La machine la plus puissante de l'Exposition était celle de la Compagnie *Allis*, de Milwaukee : compound horizontale, à quadruple expansion, avec cylindres totalement enveloppés de 660$^{mm}$, 1$^{m}$, 1$^{m}$,520, 1$^{m}$,780 de diamètre, et de 1$^{m}$,83 de course, faisant 3000 chevaux à 60 tours, avec une pression initiale de 11$^{kg}$,20. La distribution, du type *Corliss-Reynolds*, est gouvernée par un régulateur *Porter-Allen*. Le condenseur séparé, à injection, est mû par une machine *Corliss* à cylindre de 400 × 900$^{mm}$, avec pompe à air de 910$^{mm}$ de diamètre. Le volant, de 9$^{m}$,14 de diamètre et de 1$^{m}$,93 de large, pesait 67 tonnes, dont 40 à la jante. Son arbre avait 530$^{mm}$ de diamètre au centre, et 480$^{mm}$ aux portées. La vapeur passait d'un cylindre de détente à l'autre au travers de réservoirs intermédiaires, à tubes chauffés par la vapeur de la chaudière.

On doit encore signaler, dans la catégorie des *grandes machines*, celles des *bateaux* de fleuves. Ces machines, à balancier dépassant le pont du navire, donnent à ces bateaux un aspect caractéristique, et atteignent parfois des dimensions

---

[1] On trouve des descriptions détaillées de presque toutes les machines à vapeur de l'Exposition de Chicago dans les numéros de la *Revue industrielle* du premier semestre de 1894 et dans le *Bulletin de la Société d'Encouragement* d'août 1894.

colossales. La machine du *Puritan*, par exemple, — navire de 4600 tonneaux, à roues de $10^m,50$, pesant 100 tonnes, — est une compound de 7500 chevaux, à cylindres de $1^m,90$ et $2^m,80$ de diamètre; $2^m,70$ et $4^m,20$ de course; son balancier, en fonte frettée, de $10^m,20$ de long et de $5^m,10$ de large au milieu, pèse 42 tonnes. Les manivelles pèsent 9 tonnes, leurs boutons ont $500^{mm}$ de diamètre, sur $560^{mm}$ de long; l'arbre des roues est en deux parties de 40 tonnes chacune, ayant $0^m,70$ de diamètre aux portées; il fait 24 tours par minute. Ces machines, admirablement entretenues, fonctionnent avec une douceur parfaite; on ne les sent pas sur le bateau, et elles sont très économiques.

A côté, et en opposition de ces grandes machines, on doit mentionner avec éloges un certain nombre de machines extrêmement actives et condensées, du type à simple effet, à détente unique ou compound, comme les machines anglaises de *Willans* et les machines américaines de *Westinghouse*, nouveau type (¹); puis, à l'extrême dans cette voie (*fig.* 8, 8 *bis* et 9), une nouvelle *turbine à vapeur* suédoise de M. *de Laval*, extrêmement simple, établie d'après un principe qui paraît nouveau, supprimant la difficulté des joints, et donnant, d'après des expériences qui semblent sérieuses, une économie de vapeur presque paradoxale. Une turbine de Laval de 50 chevaux, à condensation, n'aurait dépensé que $9^{kg}$ de vapeur par cheval-heure. Ces turbines marchent à une vitesse prodigieuse : celle de 20 chevaux fait 24000 tours par minute; de sorte qu'un poids de $1^{gr}$ développe, à la circonférence de sa roue, qui a $160^{mm}$ de diamètre et $10^{mm}$ d'épaisseur, une force centrifuge d'environ $50^{kg}$. Le moindre balourd serait donc désastreux, si l'on n'y avait remédié en donnant à l'arbre de cette roue un diamètre très faible : $6^{mm}$, de manière que, grâce à sa flexibilité, la roue se centre automatiquement autour de son

(¹) L'une de ces machines, de 125 chevaux, compound, à 300 tours par minute, a fait, à l'Exposition, environ 75 millions de tours, sans s'arrêter, de sorte que son volant, de $1^m,70$ de diamètre, aurait fait, en locomotive dix fois le tour de la Terre.

axe de figure, comme celles des turbines *Parsons* sur leurs paliers élastiques.

Vous saisirez, je crois, facilement le principe de la turbine de Laval d'après les *fig.* 8 et 9, qui représentent : l'une, la turbine et sa transmission ; et l'autre, la roue sortie de son enveloppe et montée sur son arbre. D'un côté, par la partie de l'enve-

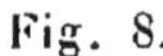

Fig. 8.

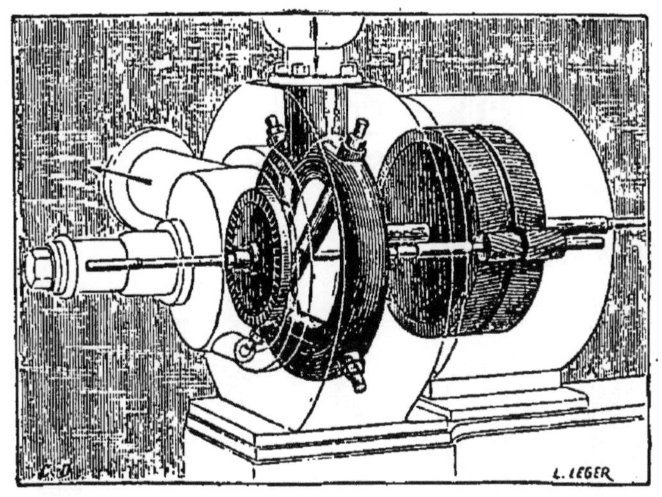


Turbine *de Laval* avec sa transmission. — Vue d'ensemble.

On a représenté comme transparente l'enveloppe de la turbine proprement dite et de sa transmission. La vapeur arrive suivant la flèche supérieure dans une sorte de tore, d'où elle passe à la roue de la turbine par quatre ajutages analogues à celui de la *fig.* 9, dont on voit les orifices en *a a* (*fig. 8 bis*), sur le dessin qui représente la *chambre* de la turbine, pour s'échapper, après avoir traversé la roue, suivant la flèche horizontale.

loppe en communication avec la chaudière, débouchent, sur les aubes, des ajutages qui y soufflent de la vapeur ; puis cette vapeur traverse les aubes de la roue, en la faisant tourner par sa réaction, et s'échappe enfin, de l'autre côté, dans la partie de l'enveloppe en communication avec l'atmosphère ou le condenseur. Vous remarquerez que les ajutages ou tuyères qui amènent la vapeur vont en s'élargissant comme des cônes ayant leur grande base tournée vers la roue. Il en résulte que la vapeur se détend dans ces ajutages ; et l'on en a calculé la conicité de manière que la vapeur arrive sur les aubes à la pression même de l'atmosphère ou du condenseur, de sorte

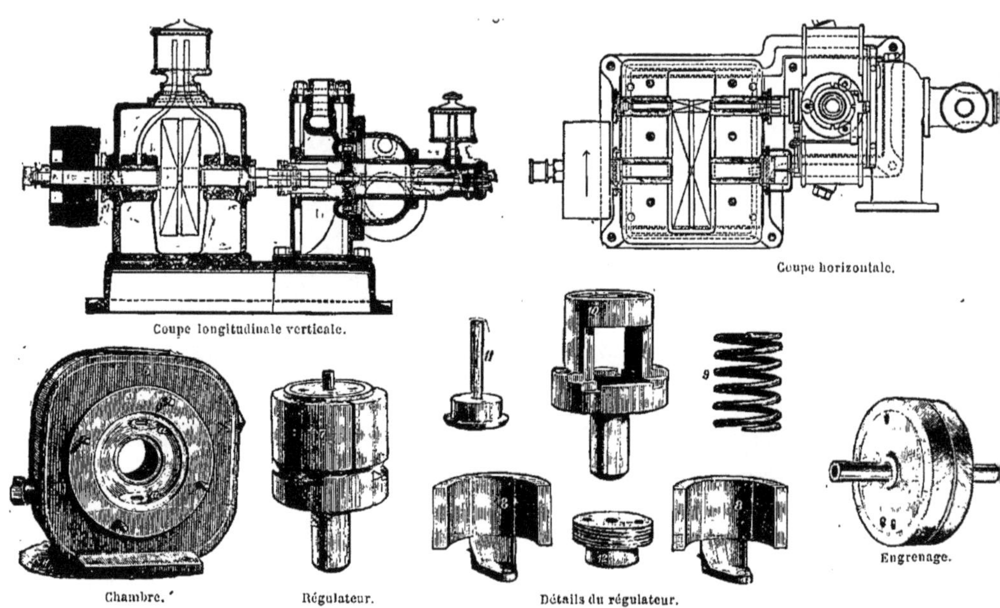


Turbine de *Laval* avec sa taansmission. — Détails.

qu'elle les aborde avec la plus grande vitesse possible, et les

Fig. 9.

Roue de la turbine *de Laval.*

Les tuyères qui amènent la vapeur à la turbine sont coniques, et ont leur grande base située contre la roue, afin de permettre à la vapeur de s'y détendre.

traverse sans s'y détendre, en y agissant comme le ferait une eau extrêmement légère, mais animée d'une vitesse colossale, que l'on pourrait augmenter encore par l'emploi de la vapeur surchauffée.

De là l'extrême activité de cette machine [1], et son bon rendement, parce que la vapeur y utilise presque toute sa puissance impulsive, avec une perte très faible par la conductibilité des parois; de là aussi sa grande simplicité, parce que l'on évite, par le fait même de l'équilibre automatique des pressions sur les deux faces de la roue, la nécessité des joints entre ses faces et celles des aubes fixes, à l'inverse de ce qui se passe dans les autres turbines, où la détente se fait dans ces aubes mêmes. Cette idée, en apparence si simple, de faire exécuter à la vapeur sa détente non dans les aubés, mais dans les ajutages qui l'amènent à la turbine, est donc bien la principale caractéristique de cette machine, si remarquable à tous égards, et qui était certainement la plus originale de l'exposition de Chicago [2].

Dans le Palais des Machines de l'Exposition, les moteurs qui actionnaient les dynamos servant à l'éclairage de toute l'Exposition, — 17000 chevaux, — et les transmissions, — environ 7000 chevaux, — encombraient, écrasaient toutes les autres machines. Leur bruit, rien que celui des courroies et des pompes de condensation, était des plus désagréables, ainsi que l'odeur de leur graissage et, surtout pendant les mois d'été, la chaleur de leur tuyauterie, coûteuse et qui occasionna plusieurs accidents. Je pense qu'il y aurait peut-être lieu, pour éviter, en 1900, ces inconvénients, qui frappaient tout le monde à Chicago, de grouper tous les moteurs, avec leurs chaudières et leurs dynamos, dans un bâtiment, ou *Palais de la force motrice*, distinct de celui des machines proprement dites. Ce bâtiment serait très économiquement installé au bord

---

(1) La roue d'une turbine de Laval de 300 chevaux n'a que $0^m,50$ de diamètre, et fait 15000 tours par minute.

(2) Cette turbine a été récemment introduite en France par M. Sosnowski et elle est construite par la maison Breguet pour le compte de la Société *de Laval*. (Pour plus de détails, voir le *Bulletin de la Société internationale des Électriciens* du 2 mai 1894 et le *Portefeuille des Machines* de juillet 1894.)

de la Seine, à pied d'œuvre de l'eau et du charbon, et les transmissions du Palais des Machines seraient actionnées, avec une sécurité parfaite, au moyen de dynamos recevant leur courant du Palais de la force motrice. Ce serait nouveau, simple, très propre, et cela donnerait un aspect curieux au Palais des Machines, en ce sens que ces dernières sembleraient, marchant ainsi sous l'action d'une puissance invisible, comme animées d'une sorte de vie.

## III.

Les *turbines hydrauliques* sont extrêmement répandues aux États-Unis. On évalue à 1200000 chevaux la puissance des chutes d'eau ainsi utilisées sur tout le territoire de l'Union. Cette puissance représente une économie annuelle d'environ 4 millions de tonnes de houille, qu'il faudrait brûler pour la produire dans des chaudières. On aura une idée plus nette encore de son importance, en remarquant que la production totale de nos bassins houillers ne s'est guère élevée, en 1890, qu'à 20 millions de tonnes, et que la puissance totale de nos machines à vapeur ne dépassait guère, en 1892, 966000 chevaux, non compris nos locomotives.

La plupart des turbines américaines appartiennent au genre des turbines à réaction du type *mixte;* c'est-à-dire qu'elles sont traversées par l'eau d'une manière aussi continue que possible, et disposées de façon que cette eau, admise sur les aubes réceptrices de la roue dans une direction centripète, ou de la circonférence vers l'axe de la roue, s'y dévie graduellement, pour quitter définitivement la turbine dans une direction parallèle à cet axe. Vous vous ferez, je crois, une idée suffisamment nette de ce genre de construction par les *fig.* 10 à 12 qui représentent la nouvelle turbine *Leffel,* du type *Samson,* inventée par MM. *Bookwalter* et *Tyler*. Vous voyez, à gauche, la turbine représentée avec toutes ses vannes d'admission ouvertes; à droite, ces vannes sont fermées. Au milieu, on a figuré la roue séparément, et vous constaterez facilement qu'elle se compose de deux parties : la partie supérieure, où l'eau pénètre perpendiculairement à l'axe, et la partie inférieure, où l'eau tombe presque parallèlement à l'axe sur les longues aubes disposées de manière à utiliser le mieux possible l'énergie de la chute. Ces turbines sont classées parmi les meilleures aux États-Unis ; elles sont très énergiques, c'est-

Fig. 10. Fig. 11. Fig. 12.

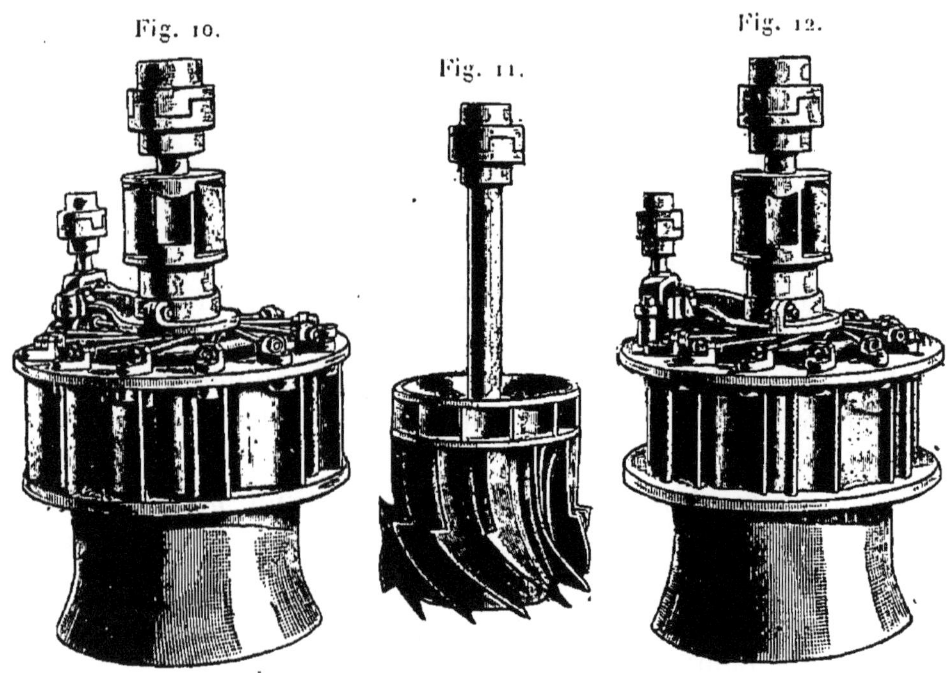

Turbine *Leffel*, type « Samson ».

à-dire capables de produire une grande puissance sous un faible volume. C'est ainsi que, sous une même chute de $10^{m}$, des turbines *Leffel-Samson*, de $50^{cm}$ et de $1^{m}$ de diamètre, tournant à 440 et à 220 tours, font respectivement 120 et 480 chevaux, avec des débits de $67^{mc}$ et $266^{mc}$ par minute. On revendique pour ces turbines, comme pour presque tous les moteurs américains, des rendements très élevés, supérieurs à 90 pour 100 ; mais, comme rien ne justifie théoriquement ces prétentions, et que la mesure des débits de ces turbines est presque toujours effectuée par la méthode très délicate des déversoirs, il est permis de faire quelques réserves à ce sujet, et d'admettre, jusqu'à plus ample information, que les turbines américaines sont, sous le rapport du rendement, équivalentes à celles de l'Europe. En revanche, les turbines américaines sont, pour la plupart, extrêmement remarquables par la simplicité et la solidité de leur construction, leur bon marché, la facilité de leur installation sur axe vertical ou horizontal, dispositions qui font que l'on n'hésite pas à les employer en toute occasion; aussi bien, par exemple, pour des scieries en forêt que pour les puissances les plus imposantes, — comme à la Hudson River Pulp and Paper C°, Saratoga, où est installée une batterie de turbines Leffel de 6000 chevaux (1).

On compterait actuellement, aux États-Unis, près de 13000 turbines *Leffel*, d'une puissance totale d'environ 550000 chevaux; mais elles ne sont pas les seules : elles ont un grand nombre de rivales (*Alcott, Risdon, Hunt, Humphray*, *Geyelin* (2), *New-american*, *Mac Cormick*, *Victor*, *Swain*, etc.), parmi lesquelles je vous signalerai tout particulièrement la turbine *Hercule*, parce qu'elle est l'une des meilleures, et qu'elle est fort habilement construite en France par M. *Singrün*, d'Épinal. Cette turbine a sa roue très haute partiellement divisée en plusieurs étages, que l'on supprime à mesure que la puissance de la turbine diminue, tout en laissant les autres fonctionner à pleine ouverture. Cette disposition permet de faire varier considérablement la puissance de la turbine sans en diminuer notablement le rendement (3).

Voici un autre appareil, la *roue Pelton*. C'est, comme vous le voyez (*fig.* 13), une simple roue à impulsion recevant par

---

(1) A citer encore la station centrale électrique du *Portland*, à Oregon City, 12800 chevaux, avec 44 turbines *Victor* (*Electrical World*, 7 avril 1894, p. 457).

(2) Employées au Niagara (*Engineering*, 13 avril 1894, p. 480).

(3) Sur les turbines américaines, consulter la *Lumière électrique*, janvier, février, 28 juillet et 4 août 1883, la *Revue générale des Sciences* du 28 février 1894, les Ouvrages de Francis, *Hydraulic Experiments* (Van Nostrand, New York); Emerson, *Testing of Water Wheels* (Weavera, Springfield); Towbridge, *Turbine Wheels* (Van Nostrand, New York); Bonmer, *Hydraulic Motors* (Whittaker, Londres, 1889), et le *Bulletin de la Société d'Encouragement* d'octobre 1894.

un ajutage l'eau de la chute sur les augets du bas. Ces augets sont (*fig.* 14) divisés au milieu par une cloison convenablement infléchie, qui sépare les jets en deux parties et en améliore considérablement la déviation (¹). Ces roues, dont le principe est, vous le savez, bien connu, sont néanmoins des plus remarquables par leur simplicité et l'extrême rusticité de leur installation, qui leur a valu un grand succès, principalement dans les régions minières de la Californie, où l'on trouve en grand nombre de hautes chutes qui, à partir d'une cinquantaine de mètres, conviennent particulièrement à ce genre de roues.

Le Tableau ci-dessous, dressé pour une chute d'eau de $100^{m}$, vous permettra d'apprécier l'énergie de ces roues Pelton.

| DIAMÈTRES. | DÉBIT en litres par minute. | TOURS par minute. | PUISSANCE en chevaux. |
|---|---|---|---|
| $0^{m},15$ | $190^{lit}$ | 2780 | 3,60 |
| 0 ,30 | 450 | 1390 | 8,40 |
| 0 ,46 | 1330 | 927 | 23,3 |
| 0 ,61 | 2380 | 696 | 45 |
| 0 ,90 | 5400 | 463 | 101 (*) |
| 1 ,20 | 9620 | 346 | 180 |
| 1 ,50 | 15000 | 277 | 280 |
| 1 ,80 | 21600 | 231 | 405 (**) |

(*) Prix, $1600^{fr}$.
(**) Prix, $3100^{fr}$.

Leur rendement s'élèverait, sous toutes réserves, à 85 et même à 87 pour 100.

En Californie, ces roues sont fréquemment employées pour faire tourner des dynamos qui transmettent leur énergie électrique à la mine, située souvent à une grande altitude, pour

(¹) *Voir* aussi les brevets américains de M. *Bookwalter*, nᵒˢ 469959 et 509863 de 1893.

l'éclairage, l'actionnement des treuils, des pompes, des perforatrices, des locomotives de roulage, etc. C'est l'une des applications les plus heureuses de la transmission de force par l'électricité : elle a permis d'utiliser la puissance des chutes d'eau à des altitudes presque inaccessibles au bois et au charbon, et rendu très profitables des exploitations auparavant impraticables. Quelques-unes de ces installations sont très

Fig. 14.

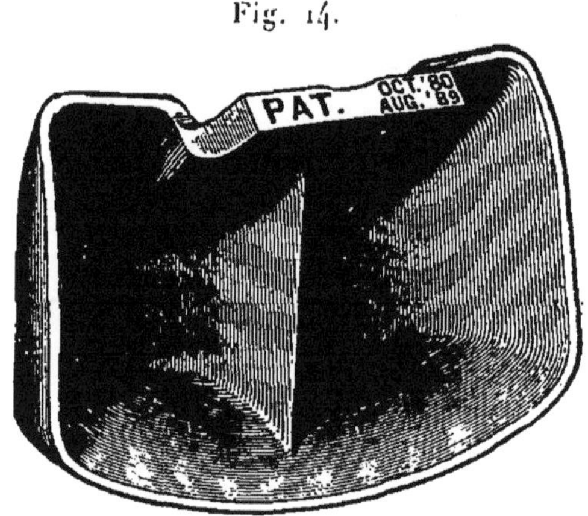


Vue, en vraie grandeur, d'un auget de roue *Pelton* de $600^{mm}$ de diamètre, faisant 175 chevaux sous une chute de $246^{m}$.

importantes. Celle de la Roaring Fork Electrical Power C°, par exemple, à Aspen (Colorado), comprend huit roues Pelton de $600^{mm}$ de diamètre, faisant chacune 175 chevaux, à 1000 tours par minute, sous une chute de $246^{m}$ ; leur poids est de $40^{kg}$ ($0^{kg},23$ par cheval), et vous voyez représenté (*fig.* 14) en vraie grandeur l'un de leurs petits augets.

Au Comstock, — Tunnel Sutro, — l'une des installations comprend six roues de $1^{m}$ de diamètre : poids $100^{kg}$, qui font 125 chevaux chacune, sous une chute de $510^{m}$, avec un ajutage de $16^{mm}$ seulement. Une autre roue, de $915^{mm}$, — poids $80^{kg}$, — donne 101 chevaux à la vitesse de 1150 tours, avec un ajutage de $13^{mm}$, et sous une chute de $630^{m}$ de haut. C'est une utilisation dont je ne connais pas l'équivalent, et qui montre bien quel parti les Américains savent tirer des machines les plus simples.

Nous allons voir maintenant une nouvelle application de cette qualité dans l'usage si répandu que les Américains font du *moulin à vent*, presque abandonné chez nous.

Ainsi que le montrent les *fig.* 15 à 17, les moulins amé-

Fig. 15. Fig. 16.

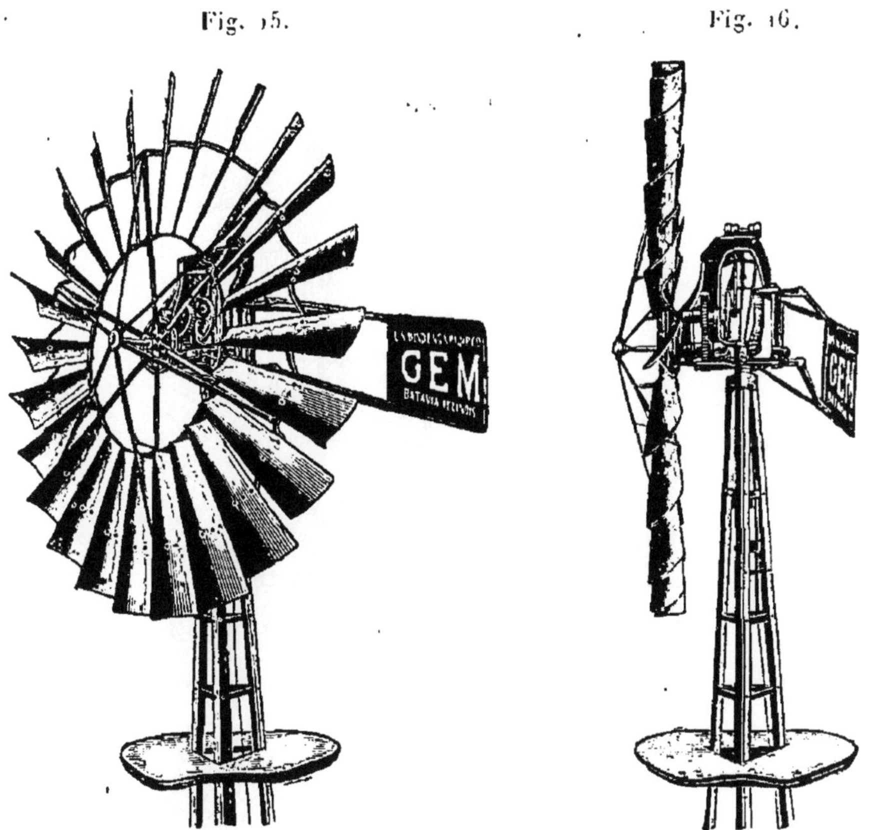


Petit moulin « Gem », type *Halladay*, de la *U. S. Wind Engine and Pump C°*, Batavia (Ill.), monté sur tours en acier.

Jusqu'à $18^m$ de haut, et pour des roues de $3^m,60$ de diamètre, ces tours coûtent $20^{fr}$ et pèsent à peu près $22^{kg}$ par mètre. Avec un vent moyen de $25^{km}$ à l'heure, un moulin de ce type, de $3^m$ de diamètre, fait 300 tours par minute et développe environ 1 cheval; prix, avec ailes en tôle d'acier, $300^{fr}$; poids, $450^{kg}$.

ricains ne rappellent que de très loin l'imposante construction des moulins hollandais. Ce sont des appareils très légers, portés sur des trépieds en fer ou en acier, excessivement légers aussi, bien que capables de résister aux plus fortes bourrasques (¹). Leurs ailes, en bois ou en tôle d'a-

Fig. 17.

Moulin *Halladay*.

De 18ᵐ de diamètre; fait, avec un bon vent, 150 tours et 40 chevaux; en moyenne, 30 chevaux; poids, 15.000kg. Prix, 15.000fr.

(¹) Ces trépieds atteignent jusqu'à 50ᵐ de haut (*Scientific American*, 7 avril 1894, p. 217). Certains d'entre eux peuvent basculer, de manière à amener le moulin à terre pour la visite et le graissage (*Perry*, brevet américain 485883 de 1892).

cier, peuvent, dans les grands appareils, se replier automatiquement pour céder aux vents trop forts; et ils s'orientent automatiquement, soit par un simple gouvernail, soit, pour les grands appareils (*fig.* 17), par un petit moulin régulateur monté sur la queue du gouvernail. Les détails de construction de ces appareils sont admirablement étudiés au point de vue de la durée, de la rusticité, de la facilité d'entretien, de graissage et de réparation, et mériteraient, à eux seuls, toute une étude que je ne puis évidemment pas aborder ici. Je me bornerai donc à vous dire, qu'aux États-Unis, ces moulins sont employés par centaines de mille: plus de 500000 en 1893, pour tous les besoins de l'Agriculture, — irrigation, drainage, petites laiteries et meuneries, — pour le service des eaux des stations de chemin de fer et des villages, l'éclairage électrique par accumulateurs ([1]), etc. Il est certain que l'emploi de ces appareils pourrait rendre chez nous, à bien des maraîchers des environs de Paris par exemple, les mêmes services qu'aux fermiers des États-Unis, et que l'on ne voit pas la raison de leur peu d'emploi en France, bien que leur fabrication ait été entreprise par quelques constructeurs français ([2]).

## IV.

Parmi les principales applications de la Mécanique générale, il faut citer, aux États-Unis comme chez nous, les pompes à vapeur, notamment les *pompes à action directe* et les *pompes à incendie*, dont l'emploi s'est bien plus étendu là-bas que chez nous, jusque dans les villages, où l'on trouve facilement des hommes familiarisés avec leur usage, tant la pratique de la Mécanique est véritablement populaire en Amérique.

---

([1]) *Electrical World*, 3 février 1894, p. 57.

([2]) Notamment par MM. *Beaume* (moulin Corcoran), *Schabaver* (moulins Halladay), *Rossin*, *Weinberger*, etc. Consulter, sur les moulins américains, l'Ouvrage de WOLFF, *Windmills* (J. Wiley, New York), celui de G. RICHARD, *Les Moteurs secondaires à l'Exposition de* 1889 (Paris, Bernard), et le *Bulletin de la Société d'Encouragement* d'octobre 1894.

Au premier rang, parmi les pompes à action directe, il faut citer, aux États-Unis, celles de *Worthington*, bien connues en France depuis l'Exposition de 1889. La *fig.* 18 représente les principales particularités du type horizontal de ces pompes de grande puissance, tel qu'il figurait à de nombreux exemplaires dans le Palais des Machines de l'Exposition de Chicago. Les cylindres à vapeur, ou cylindres moteurs de haute et de basse pression, sont, comme vous le voyez à gauche de cette figure, disposés l'un à la suite de l'autre, ou, comme on dit, *en tandem*, avec leurs pistons calés sur la tige même du piston de la pompe, que vous voyez à droite de la figure. La distribution de la vapeur se fait aux cylindres moteurs par des robinets *Corliss-Wheelock*. La vapeur traverse : 1°, avant d'arriver au petit cylindre de haute pression, un sécheur, représenté en haut de la figure, et qui la débarrasse de l'eau entraînée; 2°, en allant du petit au grand cylindre, un surchauffeur constitué par des tubes autour desquels elle circule et que parcourt la vapeur vive de la chaudière. Du grand cylindre, la vapeur s'échappe dans un condenseur par injection, dont la pompe à air est commandée, de la tige des pistons, par le renvoi de mouvement que vous voyez à droite de la figure.

On a donc, de ce côté, épuisé toutes les sources d'économie de vapeur : détente compound, séchage, surchauffe et condensation. Il restait à assurer la régularité du fonctionnement de la pompe sans l'interposition de l'énorme volant caractéristique de la plupart des pompes de nos services municipaux : M. Worthington y est parvenu à l'aide d'un dispositif compensateur bien connu des mécaniciens, et sur lequel je vous demanderai la permission d'insister un peu, tant il est simple et véritablement ingénieux.

Le problème à résoudre était celui-ci : faire que la résistance opposée par le piston de la pompe fût sensiblement égale, en chaque point de sa course, à la somme des poussées de la vapeur sur les pistons moteurs en ce même point de la course. Or, la pression de la vapeur varie, diminue par sa détente, du commencement à la fin de la course, tandis que celle de l'eau sur le piston de la pompe reste invariable. Il a donc

Fig. 18.

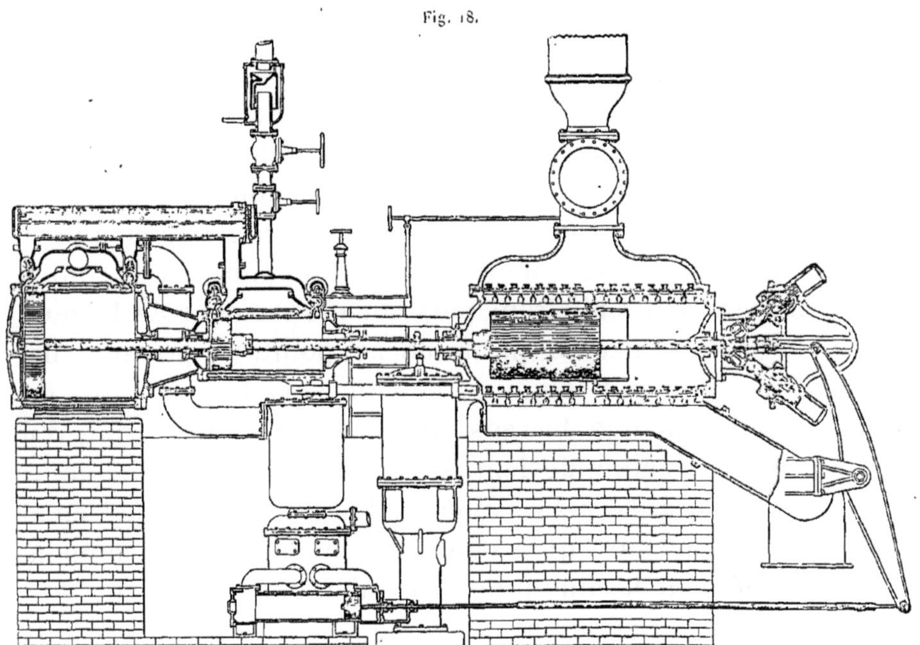

Pompe horizontale compound *Worthington*.

fallu ajouter à cette résistance une résistance variable comme la pression même de la vapeur; et c'est là, précisément, le rôle des deux petits cylindres inclinés que vous voyez à droite de la *fig.* 18. Chacun de ces cylindres peut pivoter autour d'un tourillon central, et leurs pistons, articulés à la tige de la pompe, sont constamment chargés par une pression d'eau invariable : celle même, par exemple, de la colonne de refoulement. Si, maintenant, vous suivez (*fig.* 20) le mouvement de ces pistons pendant une course de la pompe, de gauche à droite, par exemple, vous voyez qu'à l'origine, dans la position même où les représente la *fig.* 18, ces pistons, très inclinés sur la tige, exercent sur elle leur poussée la plus grande, et cela, au moment même où la vapeur développe son plus grand effort; puis, à mesure que cette pression diminue, l'inclinaison des cylindres compensateurs diminue aussi, ainsi que leur résistance, jusqu'au milieu de la course, point où ils sont verticaux, et où ils n'offrent plus au mouvement de la pompe aucune résistance. A partir de ce point, la pression de la vapeur diminuant toujours, l'inclinaison des cylindres compensateurs change de sens, ainsi que leur effort, qui, d'une poussée résistante, devient, sur la tige de la pompe, une traction auxiliaire, laquelle s'ajoute à l'effort de la vapeur, en augmentant à mesure qu'il baisse, de manière à en compenser uniformément la diminution jusqu'au fond de la course. La même série d'opérations se répète, avec les mêmes résultats, pendant la course de retour, ou de droite à gauche; de sorte que l'on obtient ainsi, comme le montrent plus en détail les diagrammes des *fig.* 19, 21 et 22, une compensation presque parfaite. En outre, ces cylindres compensateurs agissent aussi comme organes de sûreté. Dans le cas, par exemple, d'une rupture du tuyau de refoulement, les pistons compensateurs cessent subitement d'agir, et la pompe, incapable d'aller jusqu'au fond de sa course sans le secours de ces pistons, s'arrête d'elle-même, sans pouvoir s'emporter. Ce cas s'est présenté plusieurs fois. Enfin, l'on peut, avec ces compensateurs, marcher beaucoup plus vite qu'avec les volants, sans être obligé de diminuer la détente de la vapeur à mesure que la vitesse de la pompe se ralentit. Avec les volants, au contraire, on ne peut guère obtenir tout le bénéfice des grandes détentes qu'en pleine marche normale de la pompe. En un mot, on dispose ainsi, sans nuire à son économie, d'une élasticité

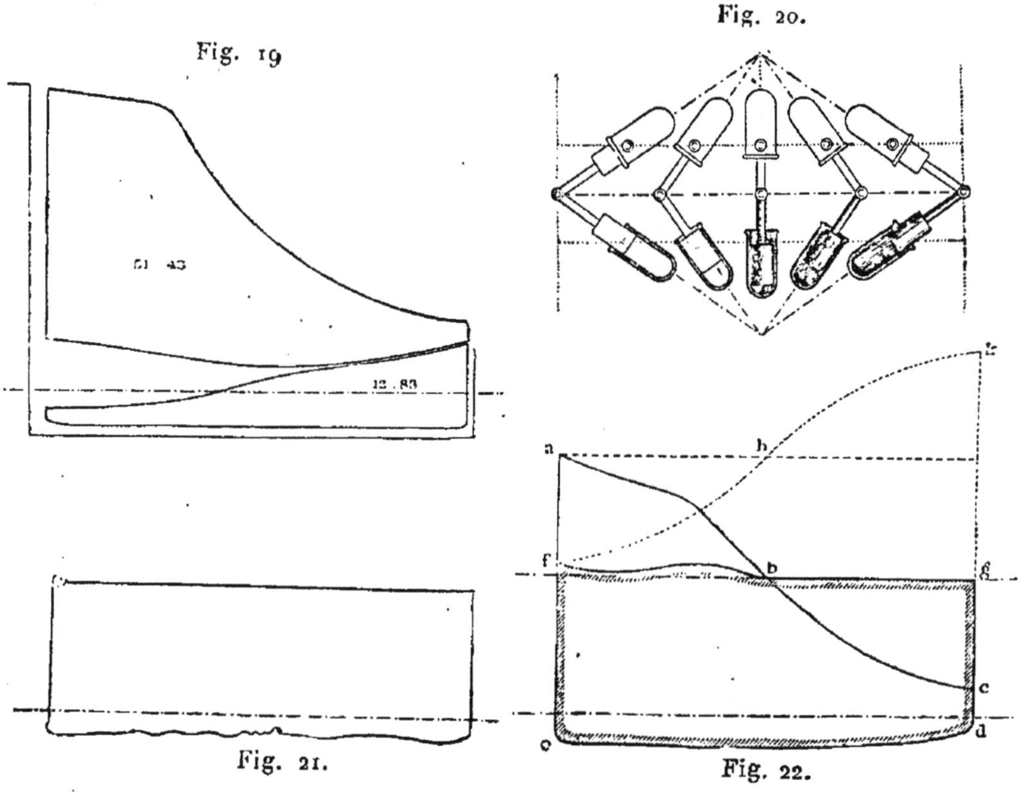


Fig. 19 à 22. — Fonctionnement du compensateur *Worthington.*

La *fig.* 20 représente les différentes positions prises successivement par le compensateur pendant une course. La *fig.* 19 donne les diagrammes du petit et du grand cylindre à vapeur pendant une course, et la *fig.* 21 le diagramme de la pompe. On a représenté, dans la *fig.* 22, par *fhk* la courbe des efforts horizontaux exercés par le compensateur sur la tige de la pompe pendant une course de gauche à droite, — efforts résistants de *f* en *h*, et moteurs de *h* en *k*, — par *abc* l'effort total des deux cylindres moteurs résultant de la somme des diagrammes de la *fig.* 19, et par *fbgde* le diagramme, résultant des courbes *abc* et *fhk*, du travail réel exercé sur le piston de la pompe, diagramme qui correspond presque en tout point avec celui de la résistance (*fig.* 21).

beaucoup plus étendue dans la marche de la pompe; condition des plus précieuses pour les services à débits très variables.

Citons encore, comme détails à noter des pompes *Wor-*

Fig. 23. — Pompe *Worthington* compound de l'Exposition de Chicago.
Débit : [illegible]

*thington*, l'emploi de clapets d'aspiration et de refoulement très nombreux, en caoutchouc armé, battant sur sièges en bronze, et, pour les grands appareils, celui d'un réservoir d'air alimenté par un petit compresseur.

Ces pompes sont très répandues dans le monde entier, et commencent à se répandre en France, où elles sont construites par une compagnie française ([1]).

On évalue à 60 000 environ le nombre des pompes livrées depuis sa fondation (1849) par l'usine américaine de Worthington, y compris 700 usines d'élévation d'eau, d'un débit journalier de plus de 10 millions de mètres cubes. La dépense de charbon, pour les grandes pompes compound, ne dépasse guère $0^{kg},800$ par cheval-heure effectif, et leur rendement, ou le rapport du travail indiqué au travail en eau montée, atteint 93 pour 100.

A l'Exposition de Chicago, le service de la distribution de l'eau employait 12 pompes *Worthington*, pouvant fournir $240000^{mc}$ par jour. Deux de ces machines, du type vertical compound représenté par la *fig.* 23, à cylindres de $760^{mm}$ et $1^{m},53$ de diamètre sur $1^{m},58$ de course, pouvaient débiter chacune $57000^{mc}$ par jour ([2]).

Les pompes *Worthington*, bien que prédominantes aux États-Unis, n'y sont pas sans rivales; parmi ces dernières, il faut citer celles de *Gaskill*, d'*Allis*, de *Deane*, de *Burnham*, de *Blake*, de *Leawitt*, de *Maxwell*, et de la *Buffalo Steam Pump C°*.

Les *pompes à incendie* à vapeur ont été étudiées tout particulièrement aux États-Unis. Elles se distinguent des nôtres par une foule de détails de construction, parmi lesquels je vous signalerai surtout l'emploi de chaudières à tubes d'eau

---

([1]) Parmi les installations les plus remarquables des pompes *Worthington*, on peut citer celles de la Standard Oil, à Swartout, refoulant du pétrole, sous une charge de $60^{atm}$, dans un tuyau de $150^{mm}$ de diamètre et de $50^{km}$ de long (*Engineering*, 2 octobre 1891, p. 301).

([2]) Pour plus de détails sur les pompes *Worthington*, consulter BERTHOT, *Traité de l'élévation des eaux* (Paris, Baudry, 1893), ainsi que les brevets anglais n° 16707 de 1893 et américains 451148 et 455555, de 1891; 504644, de 1893.

inexplosibles, chauffées parfois au pétrole (*Clapp et Jones, La*

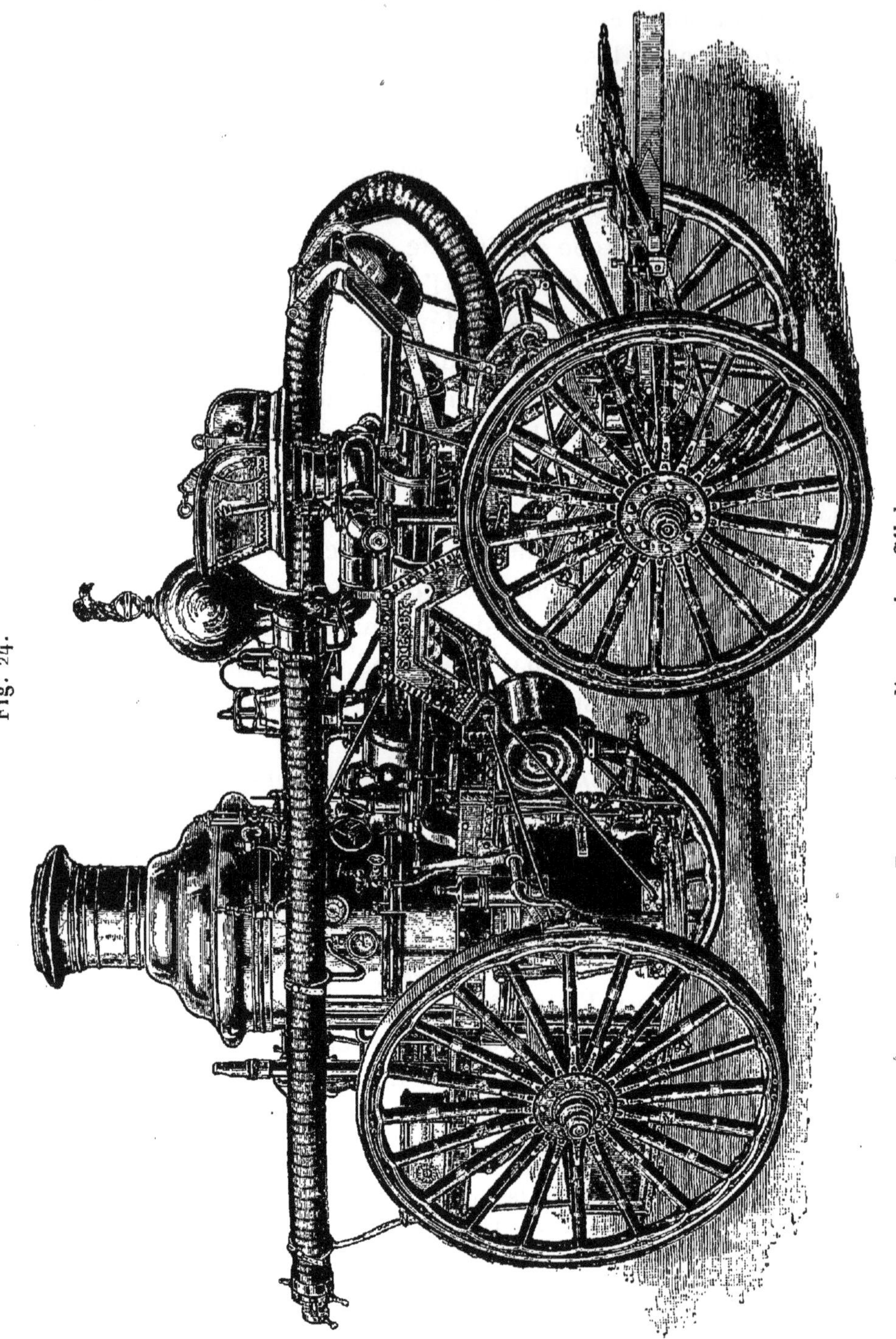

Fig. 24.

Pompe à incendie rotative *Silsby*.

*France, Ahrens*), et l'emploi de pompes rotatives. Les *fig*. 24

à 28 vous représentent l'un des types les plus usités de ces

Fig. 25.

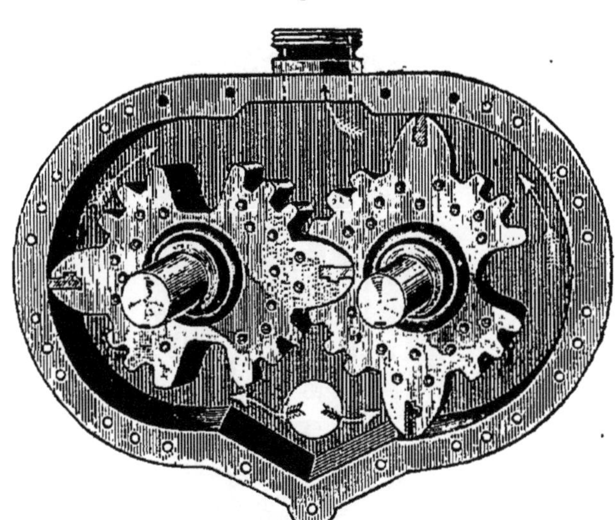

Pompe à incendie *Silsby*; cylindre à vapeur.

pompes rotatives : celle de *Silsby*, construite par l'*American*

Fig. 26.

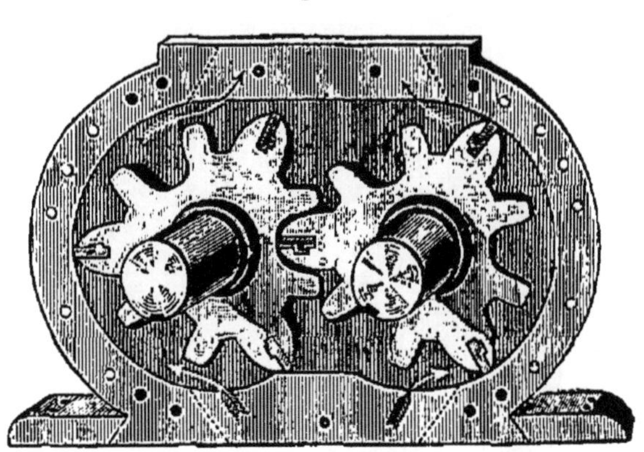

Pompe à incendie *Silsby*; cylindre de la pompe.

*Fire Engine C°*, de Seneca Falls. Le sens des flèches indique très clairement le passage de la vapeur et de l'eau dans les deux cylindres de cette pompe, et suffit à en faire comprendre le fonctionnement très actif, très doux, et sans aucune trépidation. Les garnitures des cames, constituées par des barrettes de bronze pressées sur les parois des cylindres par des res-

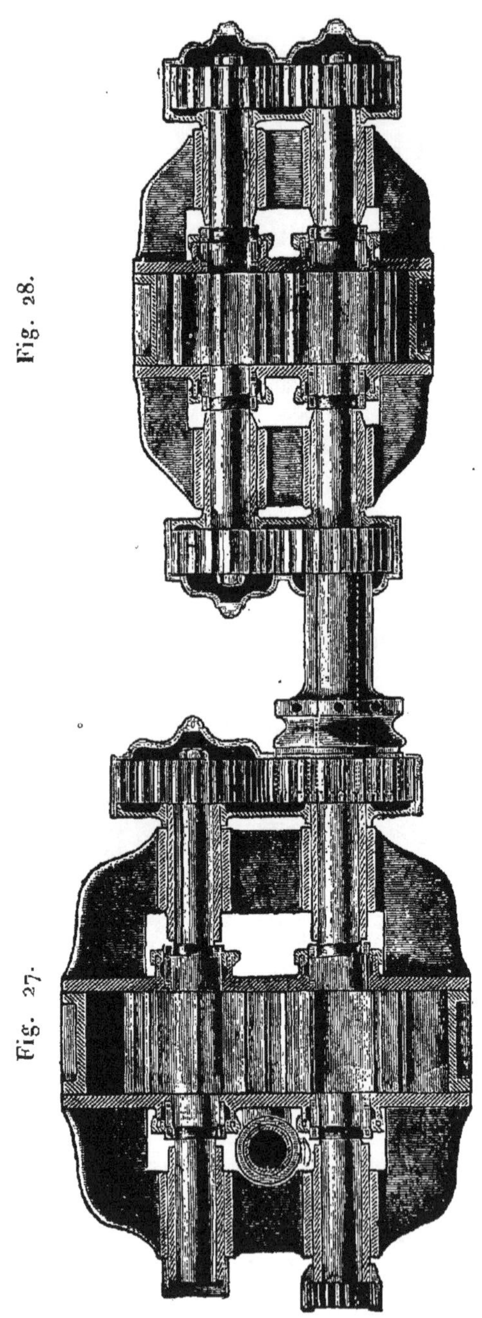

Fig. 27. Fig. 28.

Pompe à incendie *Silsby*, coupée par l'axe des cylindres à vapeur et de la pompe.

sorts, peuvent se retirer facilement au moyen de regards ménagés dans les cylindres. Les arbres qui portent ces cames sont (*fig.* 27) conjugués par des engrenages qui en assurent la concordance parfaite. Le fonctionnement de ces pompes rotatives et sans clapets est, en raison de sa continuité, d'une douceur telle qu'elles peuvent refouler l'eau au travers de tuyaux de toile ayant jusqu'à 900$^m$ de long sans risque de les crever : elles méritent donc, à tous égards, d'attirer l'attention.

Je vous signalerai encore, dans le domaine des pompes à incendie, quelques essais, notamment ceux d'*Amoskeag* (1), tentés pour les rendre automobiles ; l'emploi assez fréquent, et sur une grande échelle, d'extincteurs chimiques, à acide carbonique ou à air comprimé, montés sur roues, comme les pompes, et toujours prêts à marcher (*Babcock*, *Granger*, *Holloway*, *Lindgren*).

## V.

Dans aucun pays, on ne fait un usage aussi universel de la glace qu'aux États-Unis ; aussi l'industrie des *machines frigorifiques* s'y est-elle développée plus que partout ailleurs, dans des proportions parfois véritablement extraordinaires (2). Là aussi, l'on n'emploie guère, pour produire le froid, que les machines à gaz ammoniac : quelques-unes à absorption, et presque toutes à compression. Contrairement à la pratique européenne, les cylindres compresseurs de ces machines sont, aux États-Unis, presque toujours verticaux, à simple ou à double effet (*Frick*, *Lavergne*, *Boyle*, *Case*, *Wood*, *Featherstone*, *Arctic C°*, *Hercule C°*, *York Manufacturing C°*, etc.), aussi bien pour les plus grandes installations que pour les appareils domestiques, comme ceux de *Ballantine*. La *fig.* 29

(1) *Appleton's Cyclopedia.*

(2) Exemple : à Chicago, MM. Swift and C° (abattoirs) ont une installation de 28 machines Linde, dont 26 de 50 tonnes et 2 de 100 tonnes : soit une capacité de 1500 tonnes de glace par vingt-quatre heures.

Fig. 29.

Machine frigorifique *Frick*, de 4500kg de glace à l'heure.

Fig. 30.

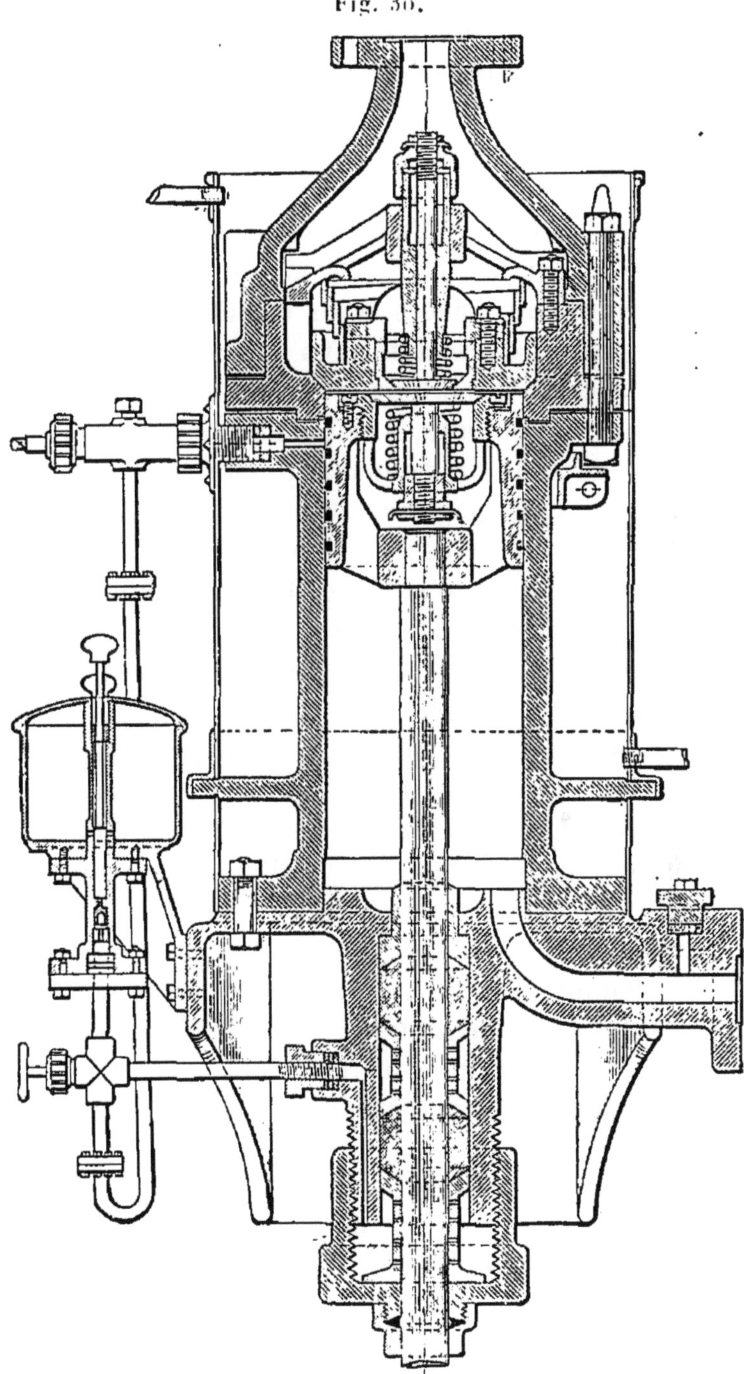

Cylindre compresseur à simple effet d'une machine *Frick*.

représente l'un des types de ce genre des plus fréquemment

employés aux États-Unis. C'est une machine de 220 chevaux; son poids est de 86 tonnes, elle fait 50 tours par minute. Ses compresseurs, à simple effet (*fig.* 30), ont $0^{m},50$ de diamètre sur $1^{m}$ de course; elle peut faire $4500^{kg}$ de glace à l'heure, avec une dépense d'environ $0^{kg},10$ de charbon par kilogramme de glace, et une circulation de $700^{lit}$ d'eau de refroidissement par minute autour des serpentins de ses condenseurs. Ainsi que vous le voyez sur la *fig.* 30, le gaz ammoniac aspiré dans le bas cylindre, au travers d'un clapet de retenue, passe, lorsque le piston redescend, dans le haut du cylindre par la soupape logée dans l'intérieur même de ce piston; puis, lorsque ce piston remonte, il refoule l'ammoniac au condenseur, au travers de la soupape qui ferme le haut du cylindre. Les deux soupapes sont parfaitement accessibles, et montées de façon qu'elles ne puissent pas tomber dans le cylindre et en provoquer la rupture. L'espace nuisible est pratiquement nul, parce que le piston peut venir, à la fin de sa course supérieure, jusqu'à toucher légèrement le fond de sûreté du cylindre, constitué par une seconde soupape enveloppant la première, et chargée par un puissant ressort. Le cylindre est entouré d'une enveloppe d'eau à circulation assez active pour permettre de marcher sans craindre la surchauffe du gaz ammoniac, et sans employer d'huile au cylindre pour le graissage du piston. Cette marche sans huile dispense de tous les accessoires : séparateurs et épurateurs, nécessaires pour débarrasser l'ammoniac de l'huile entraînée dans sa circulation; c'est l'une des caractéristiques, en apparence très heureuse, des machines *Frick*, et que l'on retrouve d'ailleurs sur quelques autres machines américaines, notamment sur celles de la *York Manufacturing C°*.

Nous allons voir maintenant sur la *fig.* 31, qui représente le cylindre d'une machine frigorifique *Lavergne* à double effet, l'application d'un principe tout différent : le graissage et le refroidissement du cylindre, ainsi que la suppression des espaces nuisibles, par l'emploi d'une abondante circulation d'huile, incessamment renouvelée. Sur la figure, à mesure que le piston s'élève, il aspire de l'ammoniac par la soupape représentée au bas et à gauche du cylindre, et refoule l'ammo-

Fig. 31.

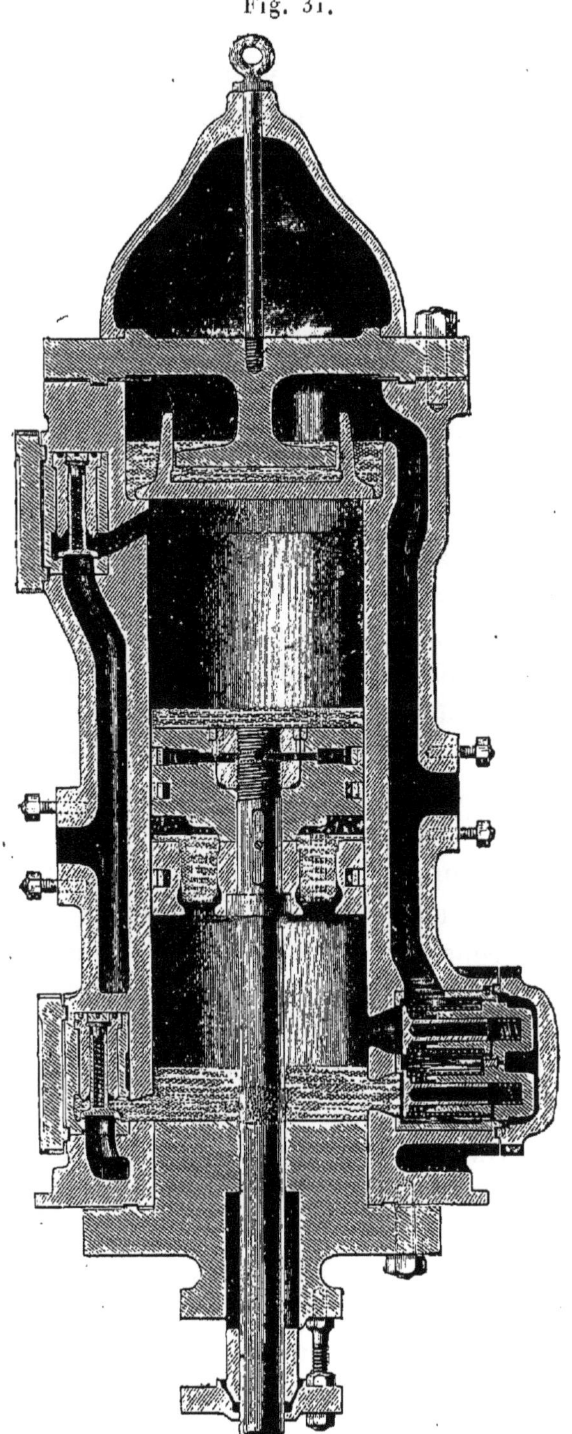

Cylindre de machine frigorifique *Lavergne* à double effet.

Diamètre 430mm, course 1m. Une machine à deux cylindres — 300 chevaux — marchant à 44 tours par minute, fait 6 tonnes de glace à l'heure; elle exige, par minute, 900lit d'eau de circulation à 15°.

niac qui se trouve au-dessus de lui par la grande soupape, qui forme, à elle seule, le fond supérieur du cylindre. Quand le piston arrive au bout de sa course supérieure, la couche d'huile qui le recouvre file par cette soupape, en supprimant ainsi absolument tout espace nuisible. Au retour, pendant sa course descendante, le piston va aspirer au cylindre de l'ammoniac par la petite soupape supérieure de gauche, en même temps qu'il refoule, par les deux soupapes horizontales de droite, l'ammoniac qui se trouve au-dessous de lui; mais, quand il arrive au bout de cette course, après avoir dépassé et fermé l'orifice de la première de ces soupapes, il rencontre la couche d'huile qui remplit le bas du cylindre, et cette huile file au refoulement, au travers des deux soupapes que vous voyez logées dans l'intérieur même du piston et de leur canal diamétral, qui débouche précisément alors devant la première de ces soupapes. On voit que, là encore, l'ammoniac se trouve totalement expulsé, sans espace nuisible. Vous remarquerez, comme détail de construction, que la grande soupape supérieure a son creux presque rempli par un piston fixe, qui oblige l'huile à s'en échapper par un étroit canal annulaire, de manière à amortir, par sa résistance aux mouvements brusques, les chocs de cette soupape, dont la marche est, en réalité, extrêmement douce. Les machines *Lavergne*, la plupart à simple effet, sont très répandues aux États-Unis, dans des installations parfois très importantes, comme, par exemple, celle de deux machines de 12000$^{kg}$ de glace à l'heure dans la grande brasserie Pabst, à Milwaukee. On en comptait, en janvier 1893, 440 installations, d'une production totale d'environ 1000 tonnes de glace à l'heure. A l'usine de la *Hygeia Ice C°*, New York, on produit, par vingt-quatre heures, 194 tonnes de glace, avec deux machines de 60 tonnes et une de 90 tonnes, en utilisant, pour obtenir de la glace pure, la vapeur des machines motrices. On fabrique 7$^{kg}$,12 de glace par kilogramme de charbon, ou 17$^{kg}$ par cheval indiqué [1].

Il est bien certain que ces grandes machines verticales, à

---

[1] *American machinist*, 11 janvier 1894.

marche lente, la plupart à simple effet, sont plus encombrantes et plus coûteuses d'achat que nos machines horizontales à double effet; mais elles s'usent moins vite, leurs cylindres ne s'ovalisent pas, leurs garnitures, dans les machines à simple effet, ne supportent que des pressions insignifiantes; en somme, elles sont meilleures, et leur prospérité aux États-Unis démontre, une fois de plus, que les Américains n'hésitent pas à payer leurs machines ce qu'elles valent.

## VI.

Parmi les *détails de construction* des machines motrices et les mécanismes divers, on peut signaler : pour les moteurs à vapeur, l'emploi presque exclusif des coussinets à métal anti-friction sans joues (ce qui diminue le porte-à-faux des manivelles) plus doux que le bronze, n'usant pas les portées, grâce à sa douceur et parce qu'il y répartit, en raison de son élasticité, très uniformément les pressions; l'emploi assez fréquent et discutable des manivelles en fonte et de courroies excessivement larges, comme l'une de celles de la machine Allis : triple, de 1$^{m}$,80 de large sur 44$^{m}$,50 de long, transmettant 1000 chevaux à la vitesse de 30$^{m}$ par seconde. Cette courroie était fournie par la *Page Belting C°*, qui en exposait une autre, de 2$^{m}$,50 de large et de 61$^{m}$ de long, pesant 5300$^{kg}$, collée sous une pression de 270 tonnes, et qui a exigé, paraît-il, pour sa fabrication, 570 peaux de bœuf. Ces courroies sont souvent remplacées, dans les grandes usines, par des cordes ou câbles (*fig.* 32), dont les Américains savent parfaitement se servir (1), ou, principalement dans les installations électriques, par des courroies articulées, — prototype *Schieren* (2), — dont l'extrême souplesse permet de réduire considérablement l'encombrement des installations, sans nuire à leur rendement et sans user trop rapidement les courroies. On remarquait

(1) Consulter à ce sujet les articles de M. FLATHER dans l'*Electrical World*, 2$^{e}$ semestre de 1893 et 1$^{er}$ semestre de 1894.

(2) *La Lumière électrique*, 19 novembre et 10 décembre 1887, p. 375 et 504.

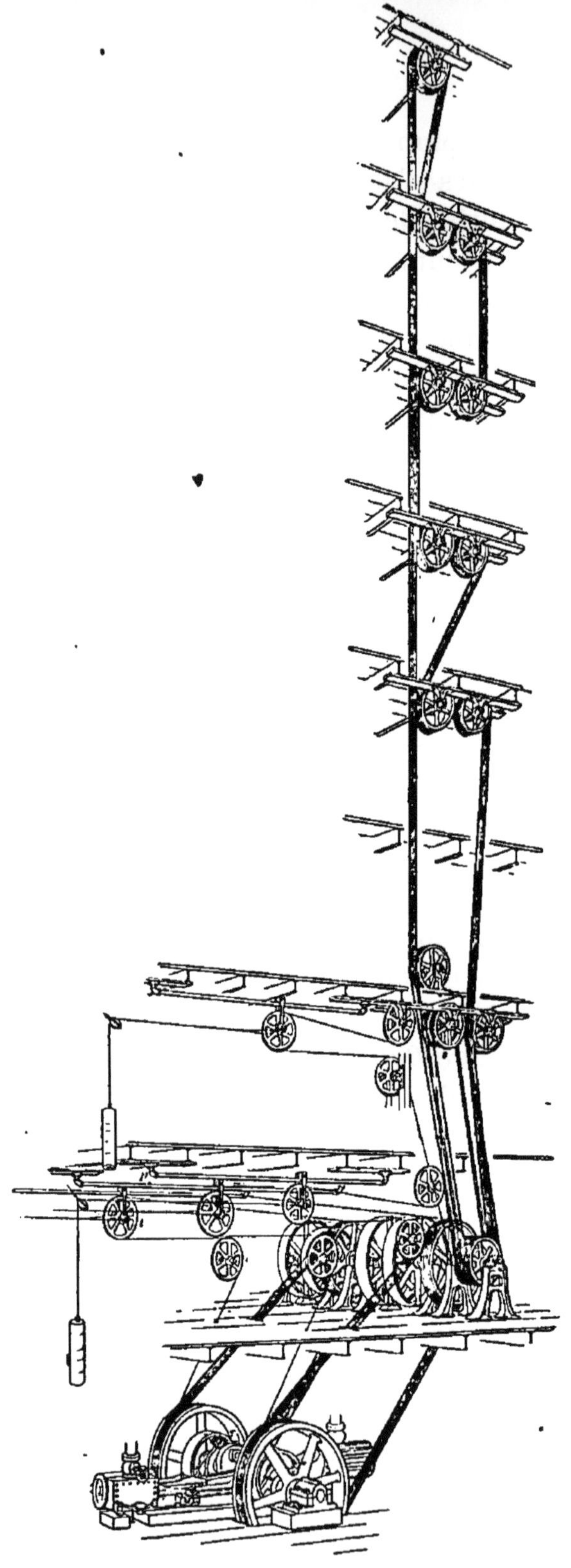

Fig. 32. — Transmission par câbles, d'une puissance de 350 chevaux.

*Western Electric C°*, de New York. — Diamètre des volants des moteurs 3m, vitesse 125 tours. Deux moteurs de 175 chevaux chacun, avec 6 câbles de 25mm de diamètre.

encore, à l'Exposition de Chicago, un grand nombre d'embrayages, d'accouplements, de paliers, principalement les paliers à billes, et d'autres mécanismes parfois fort ingénieux, mais dont il m'est absolument impossible de vous donner la moindre description. Je me bornerai à attirer tout parti-

Fig. 33.

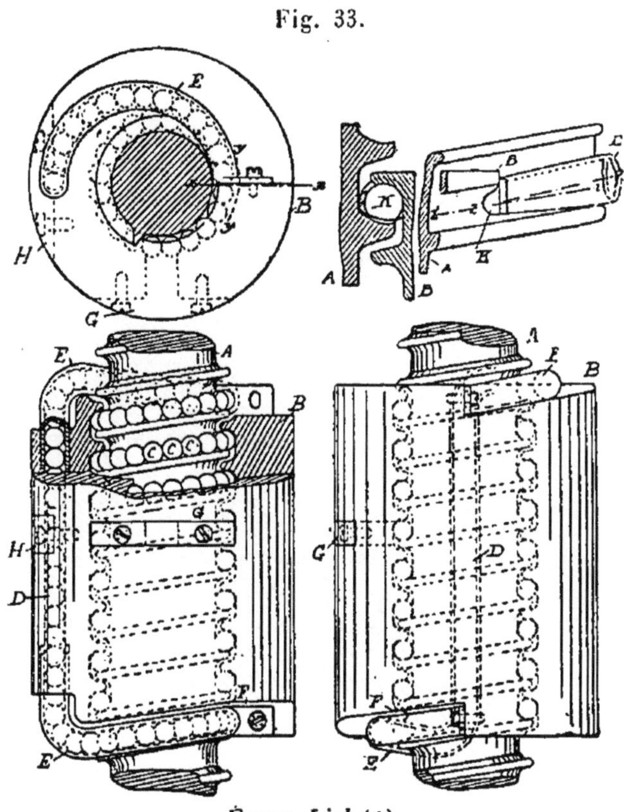

Écrou *Lieb* (1).

La circulation indéfinie des billes d'un bout à l'autre de l'écrou s'opère par un tube en trois parties E, D, E, dont les embouchures EE se raccordent aux filets B par une languette K, et peuvent s'incliner plus ou moins d'un angle $i$ sur le plan $zz'$, tangent au filet en $z$. L'introduction des billes se fait par l'ouverture G, fermée ensuite.

culièrement votre attention sur l'emploi si heureux, et de plus en plus répandu, que les Américains font des billes et des galets, pour réduire considérablement le frottement des axes, des butées, des plateaux. En voici (*fig.* 33 et 34) deux exemples : l'écrou *Lieb* et l'engrenage hélicoïcal roulant de

(1) *La Lumière électrique*, 13 août 1892, p. 310.

*Wellman*, particulièrement ingénieux, et qui suffiront pour vous indiquer toute la fécondité de ce principe ([1]). Cet emploi

Fig. 34.

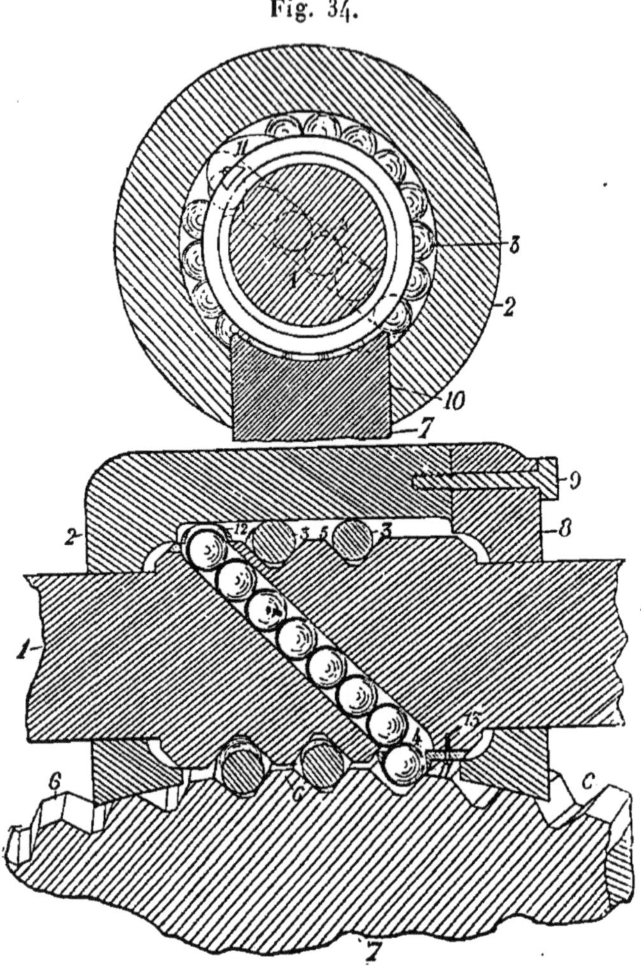


Transmission hélicoïdale roulante de *Wellman*.

1, arbre moteur, à palier 2, percé d'un canal, 4, à guides 11 et 12, par lequel les billes 3 reviennent incessamment à leur point de départ, après avoir poussé en roulant les dents 6 du pignon hélicoïdal 7. — 8, couvercle à boulons 9, fermant la boîte de la vis.

des billes de roulement est aujourd'hui rendu parfaitement pratique, grâce à la précision extrême avec laquelle on arrive

---

([1]) Consulter, sur l'emploi des billes, les quelques documents nouveaux suivants : « The Friction of Ball Bearings » ; Miller, *American machinist*, 3 avril 1890). *Butées* Bassett (brevet américain 508070 de 1893. Purdon et Walters (*Portefeuille économique des machines*, septembre 1893, p. 137 ; *The Engineer*, avril 1893 ; brevet anglais 336 de 1893). Currier Snyder

à fabriquer les billes en acier dur, fabrication qui a pris, depuis l'invasion des vélocipèdes, un très grand développement ([1]).

Les *engrenages* sont toujours parfaitement soignés aux États-Unis. La remarquable machine de *Bilgram* ([2]) les taille au profil rigoureusement exact. On a, en outre, presque universellement adopté, en Amérique, la graduation *Brown* et *Sharpe* ([3]) des pas en fonction des diamètres. C'est une *unification* très pratique, qu'il serait fort utile de poursuivre après celle des filetages et des jauges, si heureusement entreprise par notre *Société d'Encouragement pour l'Industrie nationale* (*Bulletin* d'avril 1893).

## VII.

Il me resterait à étudier la partie peut-être la plus intéressante de la technologie mécanique américaine : les *machines-outils* à travailler les métaux et les bois, principalement l'admirable emploi que les Américains font de la fraise et de la meule. Il suffit de vous rappeler le magnifique outillage exposé en 1889 par la maison *Brown et Sharpe*, qui a, en outre,

---

(*American machinist*, 26 oct. 1888). Carver (brevet anglais 738 de 1885). *Paliers* Simonds (brevets américains 466445 de 1891, 501375 de 1893). Pelitt et Congdon (brevet américain 494384 de 1893). *Boîte à graisse* Stearns (*American Journal of Railway Appliances*, 14 oct. 1884, p. 206). *Plateforme* Suc (*Bulletin de la Société des anciens élèves des Écoles d'Arts et Métiers*, avril 1886). *Vis* Hawkins (brevet anglais 3822 de 1876). *Fauteuils* Lillie (brevet anglais 3355 de 1875). Bazin (*La Métallurgie*, 17 août 1891, p. 1353). *Galets* Cambon (*Portefeuille des machines*, juin 1893, p. 87). Sauvageot (*Revue industrielle*, 31 oct. 1891). Dumoulin (brevet anglais 4291 de 1893).

([1]) *Engineering*, 3 nov. 1893, p. 527, et Gustave RICHARD, *Les machines-outils*, t. I, p. 144 (tours de Taylor, Hubert, Cooper, Hoffmann et Hillman). Baudry, Paris; 1894.

([2]) *Journal of the Franklin Institute*, janvier 1882, et brevet américain 294844 de 1884. Voir aussi les nouvelles machines de Brainard, Church, Clough, Eberhardt, Grant, Horton, Mertes, Parkes, Slate, Swasey, Walker, Woodward (Gustave RICHARD, *Les machines outils*, t. II).

([3]) BROWN et SHARPE, *Formulas in Gearing*, et F. MANDON, *Calcul des Engrenages* (*Bulletin de la Société des anciens élèves des Écoles d'Arts et Métiers*, août 1893, p. 771).

comme vous le savez, la bonne fortune d'être représentée chez nous par l'un des maîtres les plus ingénieux de la Mécanique française, M. *Kreutzberger*, dont les travaux personnels et les inventions ont si grandement contribué à l'amélioration du travail dans nos ateliers; mais j'ai déjà dépassé de beaucoup l'heure permise, et je ne puis guère que vous signaler de nouveau la spécialisation si remarquable de ces machines américaines, leur admirable précision, qui leur permet d'obtenir mécaniquement un ajustage presque mathématique, en économisant, surtout pour les travaux en série, la main-d'œuvre, au point que, malgré l'extrême élévation des salaires, le prix de revient brut de la pièce finie, — matière, main-d'œuvre, — est souvent moins élevé aux États-Unis que chez nous.

On commence à employer, aux États-Unis, les meules en *carborundum* (siliciure de carbone), excessivement dures, qui coupent l'acier trempé avec la plus grande facilité, et dont la matière active raie le verre comme le diamant ([1]).

Il y avait, à l'Exposition de Chicago, quelques machines-outils d'une dimension exceptionnelle, notamment une raboteuse des *Niles Tool Works*, de $9^m$ de course, à quatre outils, pouvant raboter des pièces de $3^m,50$ de hauteur sur autant de largeur, dont la table, du poids de 25 tonnes, marchait à l'aller à la vitesse de $1^m$ par seconde, à $2^m,50$ au retour, et qui pesait, au total, 123 tonnes. Mais c'est surtout dans l'outillage des forges que l'on rencontrait des appareils véritablement gigantesques. Tel est, par exemple (*fig.* 35), le marteau-pilon des forges de *Bethlehem*, dont la masse, de 125 tonnes et de $3^m$ de diamètre, levée par un piston de $1^m,90$ de diamètre, tombait sur une enclume de 250 tonnes; sa hauteur totale est de $27^m$ et sa largeur de $12^m$. Il est desservi par deux grues de 150 tonnes. Cet appareil colossal est pourtant petit à côté de la presse à forger du même établissement, desservie par trois machines de 5000 chevaux, et qui exerce l'énorme pression

([1]) Sur le *Carborundum*, voyez l'article de M. A. Haller (*Revue générale des Sciences* du 30 septembre 1893), le *Journal of the Franklin Institute* de sept. 1893 et le *Scientific American* du 7 avril 1894.

Fig. 35. — Marteau-pilon de 125 tonnes, Fonderie de *Bethlehem*.

de 14000 tonnes, équivalente au poids d'un cube d'eau d'environ 25$^m$ de côté.

Fig. 36.

*a.* Krauser.
*b.* Colsen.
*c.* Emerson.
*d.* Clemson.
*e.* Lippincott.
*f.* Spaulding.
*g.* Emerson.
*h.* Neale.
*i.* Emerson.
*j.* Brown.
*k.* Clemson.
*l.* Woodruff.
*m.* Emerson.
*n.* Disston.
*o.* Shoemaker.
*p.* Emerson.
*q.* Emerson.
*r.* Emerson.
*s.* Disston.
*t.* Disston.
*u.* Hoe.
*v.* Strange.
*w.* Humphrey.
*x.* Miller.
*y.* Disston.
*z.* Miller.

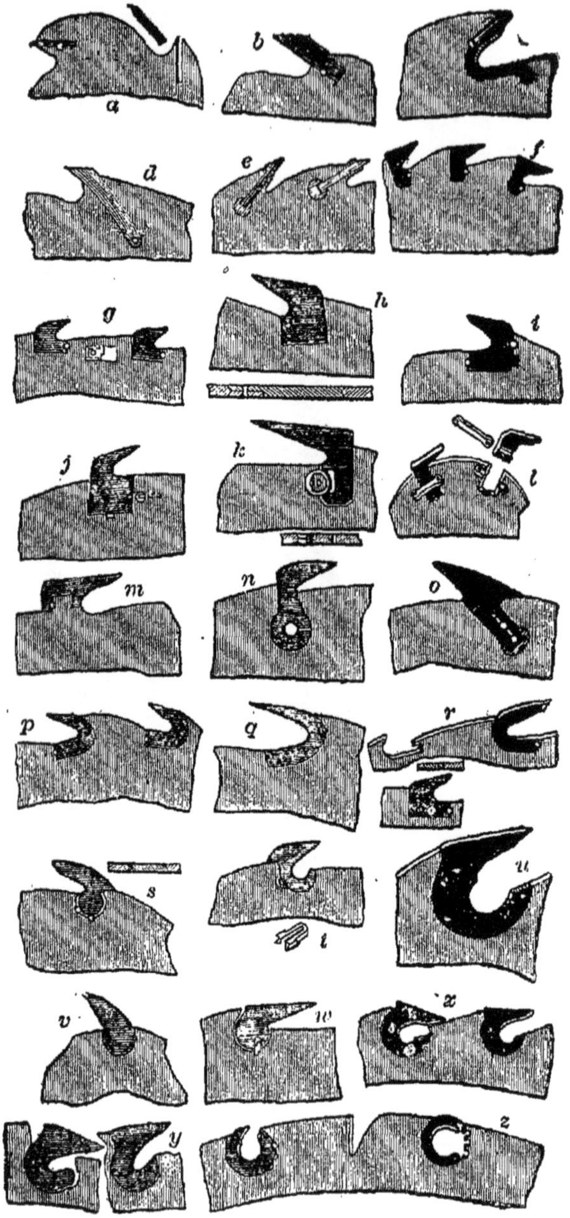

Types de scies américaines à dents rapportées.

Parmi les machines à bois, je ne puis aussi que vous rappeler celles que vous avez vues fonctionner à l'Exposition de 1889, notamment celles de la maison *Fay*. Ces machines permettent d'exécuter à peu de frais des menuiseries d'un ajustage rigoureux et des moulurages d'un fini remarquable, notamment les moulureuses de *Goehring*, dont les outils équilibrés marchent à 10000 tours.

Enfin, je vous signalerai encore, comme très remarquable, l'emploi, presque universel aux États-Unis, de scies à bois avec des dents rapportées, faciles à remplacer et d'un profil spécial pour chaque nature de travail et de bois. Les *fig*. 36

Fig. 37.

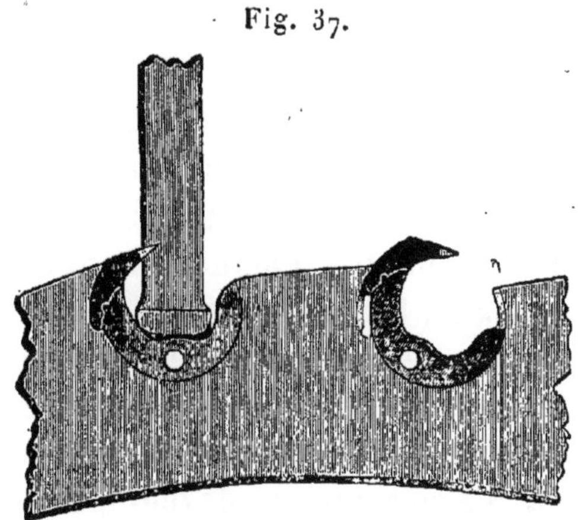

Scie *Simonds* avec sa clef d'arrachement.

et 37 vous en présentent quelques types, parmi lesquels ceux de *Disston* et de *Simonds* sont particulièrement appréciés des Américains (1).

## VIII.

Me voici arrivé au bout de ma tâche, à la fin de cette sorte de course à la hâte et à bâtons rompus au travers du domaine si vaste de la Mécanique américaine; le moment est venu de conclure, et de vous rendre enfin votre liberté. Je ne saurais, je crois, mieux le faire qu'en essayant de répondre à une question que l'on m'a faite bien des fois depuis mon retour de

(1) Consulter l'Ouvrage de GRIMSHAW, *Saws*; F. Clanton, Philadelphie.

Chicago, et qui se trouve, peut-être, sur les lèvres de beaucoup d'entre vous : les Américains sont-ils vraiment plus forts que nous en Mécanique, et que devons-nous penser de ce prodigieux développement de la Mécanique américaine ?

A cette question, d'apparence bien simple et très précise, mais, en réalité, complexe et confuse, je vous demanderai la permission de répondre un peu vaguement aussi : je répondrai oui et non.

Non, les Américains ne sont pas plus forts que nous en Mécanique, — comme en toute science, — en ce point essentiel que, si l'on posait un problème à une réunion d'ingénieurs et de savants américains ou français, très probablement ce problème serait parfaitement résolu des deux côtés : peut-être d'une façon plus scientifique et plus générale de notre côté, d'une façon plus originale, moins classique, si l'on peut ainsi dire, du côté des Américains. Il y a actuellement quelques grandes nations : l'Allemagne, l'Angleterre, les États-Unis, la France, qui, au point de vue de la culture scientifique et industrielle, sont, en fait, très sensiblement au même niveau ; et, lorsqu'il se manifeste chez l'un de ces peuples, comme c'est actuellement le cas pour l'Amérique, un développement exceptionnel d'une grande industrie, ou de tout un ensemble d'industries, il faut attribuer ce fait non pas à une supériorité intellectuelle ou de race, mais à ce qu'il se rencontre, en ce moment, tout un concours de circonstances géographiques, politiques et sociales très favorables à ce développement.

Les circonstances géographiques : je vous les faisais pressentir au commencement de cette Conférence, lorsque je vous montrais cette grande ville de Chicago, sur les rivages de la Méditerranée américaine, au milieu de l'ancienne prairie, devenue l'immense terre à blé, dont la fertilité, jusqu'à présent sans égale, a permis à l'agriculture américaine de prendre son prodigieux essor, entraînant à sa suite les grandes industries du pays. Ajoutons à cela des richesses minérales de toutes espèces : la houille presque à fleur de terre, le pétrole, le cuivre, le fer, l'or légendaire de la Californie, et vous aurez là un ensemble de circonstances géographiques merveilleusement propices au développement d'un grand peuple.

Parmi les circonstances politiques, il faut bien signaler, au premier rang, cette admirable sagesse qui fait que, depuis une trentaine d'années, malgré la faiblesse apparente du lien fédéral, malgré les intérêts économiques si opposés parfois de ses différents États, ce grand peuple, si ardent, si aventureux aux affaires, reste calme, respectueux de sa constitution si véritablement libérale, et prospère littéralement en pleine liberté; car, pour garder ses 70 millions d'hommes, répartis sur un territoire grand comme l'Europe, il n'y a pas dans tous les États-Unis 20000 soldats. C'est vous dire qu'ils n'ont pas, comme nous, 35 milliards de dette, et l'obligation sacrée mais terrible, d'entretenir sous peine de mort des armées écrasantes.

Au point de vue social, ils ont des mœurs, des lois, ou mieux des absences de lois très favorables, il faut bien le reconnaître aujourd'hui, à la prospérité, au développement des nations. C'est ainsi qu'ils n'ont pas de lois sur les héritages. Là-bas, la liberté de tester règne absolument, elle est entrée dans les mœurs; la femme américaine n'a pas de dot, et le fils ne compte pas sur l'héritage de son père. En Amérique, un père se juge absolument dégagé vis-à-vis de ses enfants quand il leur a donné l'éducation et les premiers secours indispensables à l'entrée dans la vie, et il se considérerait comme coupable de les élever dans l'idée qu'ils pourront un jour, grâce à sa fortune, vivre à ne rien faire. De là ce fait, qu'aux États-Unis, tout le monde étant habitué à ne compter que sur soi-même, chacun travaille; et vous n'y voyez pas de ces fils de famille, que nous connaissons tous plus ou moins, dont tout l'effort consiste à consacrer le peu d'énergie que leur a laissé leur éducation à solliciter de nos grandes administrations quelque chétif emploi, peu payé, mais sans travail bien pénible, réglé comme un programme, sans responsabilité surtout, leur permettant d'attendre qu'enfin la petite rente libératrice leur arrive comme en dormant, par la mort des parents ou la dot de la femme, et les soulage pour jamais de la nécessité d'être quelqu'un. Je sais très bien que ces idées américaines sont contraires aux sentiments de la plupart d'entre vous; mais, quelles que puissent être à ce sujet les inclinations de nos cœurs, il n'en est pas moins vrai que ces habitudes, plus viriles que les nôtres, constituent, pour la prospérité d'un peuple, au point de vue national, une très grande force, une force qui a contribué et contribue chaque jour non seulement au prodigieux développement de l'expansion américaine, mais aussi à celui d'une autre expansion, non moins remarquable, celle de la colonisation anglaise, à laquelle nous ne pouvons malheureusement pas comparer la nôtre.

Et ce ne sont pas seulement tous les hommes qui travaillent, aux États-Unis, au développement de l'industrie, mais aussi tous les capitaux. L'esprit rentier et fonctionnariste n'existant pas en Amérique, chacun étant obligé de travailler et voulant faire quelque chose par lui-même, il en résulte qu'il n'y a, aux États-Unis, presque pas un dollar qui ne soit en circulation perpétuelle au travers de toutes les industries du pays; tous les capitaux y sont employés en des affaires bonnes ou mauvaises, comme partout, mais laissant là toujours quelque chose au pays. En fait, on peut dire qu'aux États-Unis la fécondité du capital est presque aussi remarquable que celle du sol. Car enfin, là-bas, lorsqu'un chemin de fer trop aventureux ou mal administré fait faillite, n'ayant pas, comme chez nous, la garantie de l'État pour éviter ce malheur, il n'en reste pas moins au pays la voie et le matériel, qui, repris par d'autres Américains plus heureux, contribueront encore au développement du pays. C'est, en somme, de l'argent qui passe de la poche d'un Américain dans celle d'un autre Américain, après avoir créé, malgré tout, une certaine valeur industrielle qui reste acquise au pays, tandis qu'il m'est, je vous l'assure, impossible de voir de quoi la France a bien pu s'enrichir à la suite, par exemple, de la faillite du Panama.

Eh bien, devant tous ces avantages que possèdent actuellement les Américains, devant l'extraordinaire prospérité économique de ce grand pays, devons-nous nous décourager ? Je ne le crois pas, car cette prospérité ne va pas sans certaines ombres au tableau, notamment en ce qui concerne les rapports entre ouvriers et patrons; et surtout, rien ne nous empêche, en profitant des exemples qui nous sont donnés par les Américains et les Anglais, en nous assimilant de notre mieux ce qu'il y a de bon chez ces peuples prospères, rien ne nous empêche d'arriver, avec le temps et la persévérance, aux mêmes résultats qu'eux, car nous avons chez nous, comme talent et en puissance, tout ce qu'il faut pour cela.

Il faut que notre agriculture renaisse et se développe : c'est, heureusement, encore la première industrie de notre pays, et sa prospérité entraînerait celle de toutes les autres. Je sais bien que cela ne se fera pas en un jour, que notre agriculture est aujourd'hui très malade, mais elle n'est pas morte. Nous pouvons — et c'est ce que l'on fait — venir à son secours temporairement, et pour aller au plus pressé, par des droits protecteurs, puis définitivement en y consacrant une partie de cet argent dont nous ne savons que faire, et surtout en lui appliquant enfin les enseignements de la science agricole. Il y a, pour notre pays, dans les enseignements de cette science, dans les découvertes et les travaux de nos savants, de véritables richesses qu'il serait impardonnable de négliger plus longtemps. Je ne puis évidemment insister comme il le faudrait sur ce sujet : aussi me bornerai-je à signaler, à ceux d'entre vous qui douteraient de son importance, les beaux travaux de l'un des maîtres les plus éminents de ce Conservatoire, M. Aimé Girard, travaux encore trop peu connus, bien qu'ils viennent de recevoir, par l'admission de leur auteur à l'Académie des Sciences, la haute consécration qu'ils méritaient depuis longtemps : lisez-les, et vous verrez que nous n'avons pas à désespérer de l'agriculture française. Et cela est vrai aussi de nos autres industries ; car, même en Mécanique, nous faisons, quand nous le voulons, aussi bien, sinon mieux, que les Américains ; nos rivaux eux-mêmes le reconnaissent (1).

(1) La Mécanique française n'a été que très faiblement représentée à Chicago : l'exposition coûtait fort cher, sans aucune chance d'un bénéfice quelconque, et les encouragements de notre gouvernement ont été, en ce qui concerne la Mécanique, presque nuls en comparaison de ceux donnés à ses nationaux par le gouvernement allemand. Néanmoins, les mécaniciens français qui sont allés à Chicago, à leurs frais, risques et périls, et pour l'honneur de notre pays, n'ont pas à le regretter ; ils ont reçu des étrangers, des Américains notamment, non pas des récompenses officielles, puisque la France s'était mise *hors concours,* mais des témoignages plus

Nos lois, nos mœurs, qui nous empêche de les réformer, lentement sans doute, mais, du moins, sans persister à croire qu'il n'y a de bonnes que nos idées et nos habitudes? Notre argent, qui nous empêche d'en faire un meilleur usage? quelle raison empêche nos financiers d'employer enfin la puissance de leurs capitaux au développement de nos industries? Je n'en vois pas, tandis que je vois, au contraire, bien des motifs qui les y poussent, entre autres, celui-ci, bien simple, et auquel, presque chaque jour, un nouveau krach, petit ou gros, apporte une nouvelle démonstration: qu'il n'y a plus qu'un seul moyen de gagner honorablement et parfois sûrement son argent : l'industrie, car tout ce qui est fondé sur la spéculation pure est fatalement destiné à la ruine par la faillite, ou par des crises sociales que provoquerait nécessairement une stérilité trop prolongée du capital.

Il reste notre armée : la question de la guerre, autrement vaste et complexe, qui ne dépend malheureusement pas de nous seuls. Ce n'est pas, sans doute, un mécanicien qui la résoudra, bien que nous y travaillions à notre manière, avec nos confrères les chimistes, en inventant presque chaque jour des fusils, des canons, des explosifs de plus en plus formidables; mais d'autres maux ont sévi sur la terre, aussi universels, plus terribles et plus déprimants que la guerre, comme l'esclavage, et l'esclavage a disparu. Pourquoi, alors, considérer la guerre comme éternelle, et ne pas admettre qu'un jour aussi elle disparaîtra, ne serait-ce que par l'horreur même qu'elle

---

précieux, leur assurant que, malgré leur petit nombre, et bien que livrés à leurs seules forces, ils ont, pour la plupart, très dignement représenté la Mécanique française. Je ne citerai qu'un seul de ces témoignages, relatif à la machine à vapeur exposée par le Creusot. Le voici, dans son texte original, donné par un ingénieur américain des plus éminents, M. Sweet, l'inventeur de la Straight Line Engine: « It was not only, by far, the best piece of machine work I ever saw, but, up to the present time, I believe it would be utterly impossible to produce the like in this country. » (Extrait de la discussion du Mémoire présenté par M. Henneway : *On the Development of Stationary Engines, as illustrated by those exhibited at the Columbian Exhibition at Chicago,* à l'*American Society of mechanical Engineers,* New York, 10 janvier 1894.) — M. Henneway et M. Holloway ont, comme M. Sweet, rendu hommage à la parfaite exécution de la machine exposée par le Creusot.

inspire de plus en plus, et par la constatation, bien établie aujourd'hui, de l'inanité absolue de ses résultats définitifs pour le vainqueur même. Et, enfin, si nous nous trompons, si la guerre est véritablement la condition fatale des nations, un jour ou l'autre l'Amérique, elle aussi, en subira la dure loi; de sorte que, même dans cette triste hypothèse, la nécessité des choses semble devoir amener, dans un temps plus ou moins long, une sorte d'équilibre entre l'ancien monde et le nouveau.

Donc, Messieurs, ne nous décourageons pas : sachons constater sans envie et sans crainte cette prospérité des États-Unis; profitons des exemples qu'elle nous donne, continuons à travailler avec confiance en nous-mêmes, confiance en notre chère et vieille patrie; et, à ce compte, soyez-en certains, nous pourrons bientôt convier, en pleine sécurité, les Américains eux-mêmes à venir admirer chez nous ce que nous venons d'admirer chez eux. Ce sera, nous l'espérons tous, lorsque la France saluera l'aurore du xx$^{e}$ siècle par cette grande manifestation pacifique et internationale : l'Exposition universelle de 1900.

(Extrait des *Annales du Conservatoire des Arts et Métiers*, 2$^{e}$ S$^{ie}$, t. VI.)

Paris. — Imp. Gauthier-Villars et fils, 55, quai des Grands-Augustins.

www.ingramcontent.com/pod-product-compliance
Ingram Content Group UK Ltd.
Pitfield, Milton Keynes, MK11 3LW, UK
UKHW021142230726
13926UKWH00002B/893

9 782013 617192